장식으로도, 인형 옷으로도 즐기는

미니어처 사이즈의 원피스와 소품

장식으로도, 인형 옷으로도 즐기는

미니어처 사이즈의
원피스와 소품

부티크사 지음 | 황선영 옮김

방에 살짝 장식해도 깜찍!
22cm 사이즈 리카 인형의
멋내기 원피스 대공개

이아소

장식으로도, 인형 옷으로도 즐기는
미니어처 사이즈의 원피스와 소품

초판 1쇄 발행 2018년 7월 20일

지은이 부티크사
옮긴이 황선영
펴낸이 명혜정
펴낸곳 도서출판 이아소
디자인 황경성

등록번호 제311-2004-00014호
등록일자 2004년 4월 22일
주소 04002 서울시 마포구 월드컵북로5나길 18 1012호
전화 (02)337-0446 **팩스** (02)337-0402

책값은 뒤표지에 있습니다.
ISBN 979-11-87113-25-6 13590

도서출판 이아소는 독자 여러분의 의견을 소중하게 생각합니다.
E-mail: iasobook@gmail.com

이 도서의 국립중앙도서관 출판예정도서목록(CIP)은 서지정보유통지원시스템 홈페이지(seoji.nl.go.kr)와
국가자료공동목록시스템(www.nl.go.kr/kolisnet)에서 이용하실 수 있습니다. (CIP제어번호: CIP2018017939)

Contents

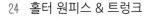

들어가며

보는 것만으로 꿈이 펼쳐지는
미니어처 사이즈의 원피스와 소품.
소녀 감성 자극하는
귀여운 디자인으로 마음을 사로잡는다.
방에 살짝 장식하거나
인형에 입혀서 즐겨보자.

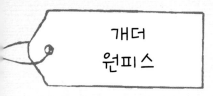

개더 원피스

만드는 법 ✿ 39페이지

디자인·제작 / 가네마루 가호리

로맨틱한 잔꽃무늬가 돋보이는 개더 원피스.
가슴에 단추로 포인트를 주었다.
자투리 천으로도 충분히 만들 수 있으므로
좋아하는 천을 얼마든지 활용할 수 있다.
방에 살짝 장식해서 즐겨보자.

1   2

프레임 / AWABEES

접시 / UTUWA

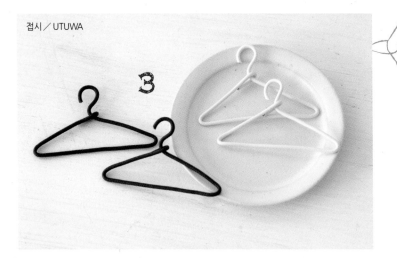

3

옷걸이

만드는 법 ✿ 70페이지

디자인·제작 / 사라시나 레이코

부드러운 컬러 와이어를 이용한 옷걸이.
원피스나 백을 걸 때 요긴하다.
한 번에 여러 개를 만들어 두면 편리하다.

모델: Licca 비주 시리즈
'루미너스 핑크' / 다카라토미
프릴 백 / 17페이지 no.17
슈즈 / 편집부 제공

깅엄 체크 원피스

만드는 법 ✻ 39페이지

디자인·제작 / 가네마루 가호리

퍼플 깅엄 체크가
깜찍한 원피스.
허리에 개더를 넣어
소녀 감성의 실루엣으로 완성했다.
새틴 리본으로
가슴에 악센트를 더했다.

4 발레 레슨이 있는 날에는
좋아하는 원피스를
입고 가지요.

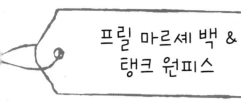

프릴 마르셰 백 &
탱크 원피스

5 만드는 법 ❋ **59**페이지

6 만드는 법 ❋ **42**페이지

5 디자인·제작 ／ 사라시나 레이코
6 디자인·제작 ／ 기무라 마미

풍성한 볼륨의 프릴이 귀여운 마르셰 백에
날씬한 라인의 예쁜 도트 무늬 탱크 원피스를 매치했다.
모노톤 컬러의 코디네이트로 성숙한 분위기를 즐긴다.

미니어처 책·프렌치 사이드 테이블 ／ AWABEES
샌들: Licca 비주 시리즈
'루미너스 핑크' ／ 다카라토미

7 만드는 법 ❀ **42**페이지

8·9 만드는 법 ❀ **77**페이지

디자인·제작／기무라 마미

벨트 달린 탱크 원피스 &
쇼핑백

살짝 복고풍으로 디자인한
벨트 달린 탱크 원피스.
화이트와 그린의 대비로
컬러 연출이 멋스럽다.
쇼핑백과 함께
쇼윈도 느낌으로 장식해보자.

토르소／다카라토미

11

10 만드는 법 ❋ **52** 페이지
11 만드는 법 ❋ **46** 페이지

가죽 펜던트 &
돌먼 슬리브 원피스

10 디자인·제작 / 사라시나 레이코
11 디자인·제작 / 기무라 마미

블루 리넨의 멋스러운
돌먼 슬리브 원피스다.
개더를 넣어
풍성한 실루엣으로 완성.
골드 비즈가 달린
가죽 펜던트를 착용했다.

카페에서 여유롭게
즐기는 시간이 참 좋아.

10 가죽 펜던트

11 원피스

줄무늬 원피스

만드는 법 ✻ 48페이지

디자인·제작 ／ 기무라 마미

캐주얼한 분위기가 감도는
돌먼 슬리브의 줄무늬 원피스.
양옆에는 포켓을 달았다.
부드러운 니트지로 만들면
라인이 예쁘게 완성된다.

12

미니어처 토르소·우편엽서 ／ AWABEES
숄더백 ／ 23페이지 no. 34
카메라·스니커즈: LiccA 스타일리시 돌 컬렉션
'보태니컬 홀리데이 스타일' ／ 다카라토미

리본 머리띠 &
개더 원피스

화창한 날에는
멋지게 차려입고
산책해요.

모델: LiccA 스타일리시 돌 컬렉션
'보태니컬 홀리데이 스타일' / 다카라토미
레이스업 부츠 / osanpo ippo
바구니·미니어처 손수건·브로치 / 디자이너 개인 물품

그린 바탕의 도트 무늬에
스트라이프 포켓의 센스가 돋보인다.

13 만드는 법 ✿ 54페이지

14 만드는 법 ✿ 50페이지

디자인·제작 ／ nikomaki*

커다란 리본 머리띠,
여기에 그린 바탕에 흰색 도트 무늬와
앙증맞은 포켓으로
발랄한 개더 원피스의 환상적인 매치.
동화 속 주인공이 폴짝 튀어나온 듯
깜찍한 코디네이트이다.

13

14

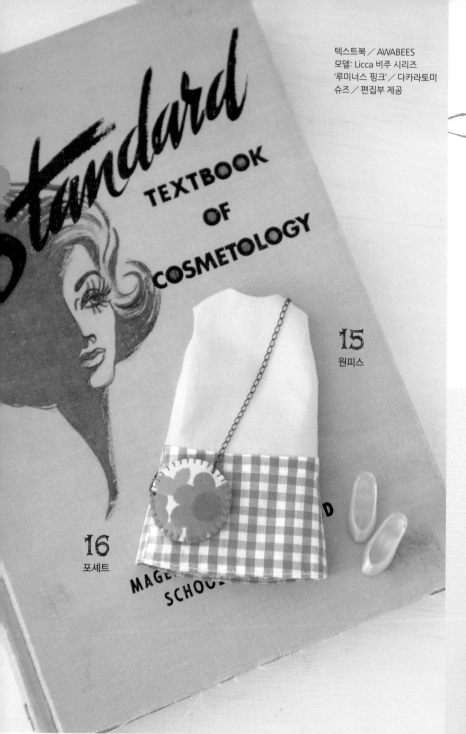

텍스트북 ／ AWABEES
모델: Licca 비주 시리즈
'루미너스 핑크' ／ 다카라토미
슈즈 ／ 편집부 제공

15
원피스

16
포셰트

이음선 있는 탱크 원피스 &
포셰트

담청색의
산뜻한 원피스.
여기에 매치한 동그란 포셰트가
스타일링의 포인트!

15 만드는 법 ❋ **44**페이지

16 만드는 법 ❋ **55**페이지

15 디자인·제작 ／ 기무라 마미
16 디자인·제작 ／ nikomaki*

담청색과 깅엄 체크를 이은 세련된 탱크 원피스.
컬러풀한 둥근 체인 포셰트를 함께 코디네이트하였다.
60년대를 연상시키는 복고적인 분위기가 매력적이다.

프릴 백

만드는 법 ✽ 56페이지

디자인·제작／nikomaki*

프릴을 달아 소녀 감성 충만한
손바닥 사이즈의 백.
소재를 선택하기에 따라 귀엽게도,
발랄하게도 완성할 수 있다.
색상별로 여러 개 만들어보고 싶은
디자인이다.

17

18

19

미니어처 의자·미니어처 책／AWABEES

20
목걸이

21
에이프런

22
원피스

가죽 샌들 ／ osanpo ippo
사과·바구니·미니어처 병 ／ 디자이너 개인 물품

디자인·제작／nikomaki*

옐로와 블루 스트라이프의
매치가 발랄한 개더 원피스.
빨강 리본으로 악센트를 준
사랑스러운 꽃무늬 에이프런과
비즈 목걸이를 코디네이트.

원피스와 같은 천으로 백을 만들었다.
세트로 코디네이트해 즐겨보자.

프릴 백／17페이지 no. 18

풍성한
실루엣의 원피스에
꽃무늬 에이프런을
함께 연출했다.
색채감이 돋보이는
코디네이트로
나들이를 즐겨보자.

모델: Licca 비주 시리즈
'루미너스 핑크'／다카라토미

깜찍한 목걸이 &
탱크 원피스

23
깜찍한 목걸이

23 만드는 법 ✿ 52페이지
24 만드는 법 ✿ 42페이지

23 디자인·제작 ╱ 사라시나 레이코
24 디자인·제작 ╱ 기무라 마미

초보자도 뚝딱 만들 수 있는
탱크톱 스타일의 원피스.
마음에 드는 천으로
다양하게 만들어보고 싶은
심플한 디자인이다.
하트 모양의 참 장식이 달린
깜찍한 목걸이를 매치했다.

친구와 영화관 데이트.
새빨간 원피스로
여배우 기분을 내보자.

24
원피스

모델: LiccA 스타일리시 돌 컬렉션
'보태니컬 홀리데이 스타일' ╱ 다카라토미
핸드백 ╱ 21페이지 no. 26
양말·슈즈 ╱ 편집부 제공

25~27 만드는 법 ❀ **58**페이지

28 만드는 법 ❀ **82**페이지

25~27 디자인·제작 / 니시무라 아키코
28 디자인·제작 / 야마토 지히로

타탄 체크와 트위드로 만든
체인 백과 핸드백.
동그랗게 굴린
실루엣이 귀엽다.
인테리어 악센트가 되는
빨강 소파와
함께 장식했다.

체인 백 &
핸드백 & 소파

25

28
소파

26

안에 물건을
넣을 수 있어요!

백은 똑딱단추로 여닫을 수 있게
디자인했다.

미니어처 사이즈의 소
파는 스티로폼과 퀼팅
솜으로 완성했다.

카노티에

만드는 법 ❋ 67페이지

디자인·제작 / 가네마루 가호리

리본과 미니 사이즈의 버클,
단추로 멋을 낸 카노티에.
천이나 장식에 따라 분위기가 사뭇 달라진다.
브로치 핀이나 스트랩을 달아
연출해도 귀엽다.

미니어처 서랍장·미니어처 의자 / AWABEES

솔더백

32

33

34

만드는 법 ✽ 60페이지

디자인·제작 / 기무라 마미

캐주얼한 디자인으로 한층 깜찍한 둥근 솔더백.
어깨끈의 벨트나 지퍼 마감, 포켓 라벨 등
마치 진짜 백처럼 완성했다.

지퍼를 실제로 열 수 있는 디자인이다.

35

꽃무늬 원피스에
꽃무늬 트렁크를 들고
바캉스를 떠나요.

36

세트로
꾸며보자

35 만드는 법 ❀ **65**페이지

36 만드는 법 ❀ **68**페이지

디자인·제작 / 모토하시 요시에

원색의 강렬한 플라워 프린트가 귀여운
홀터 원피스와 트렁크 세트 매치.
풍성하게 퍼진 원피스 실루엣이 여성스럽다.

모델: LiccA 스타일리시 돌 컬렉션
'올리브 페플럼 스타일' / 다카라토미
슈즈 / 편집부 제공   접시 / UTUWA

만드는 법 ✽ **68**페이지

디자인·제작／모토하시 요시에

컬러풀한 천으로 만드는 재미가 그만인 트렁크.
포켓과 벨트 등 실물과 똑같은 마무리가 매력적이다.
토대는 우유 팩을 이용해
판지 공예 하는 방식으로 만든다.

트렁크

37

38

39

컵 & 컵 받침／UTUWA
미니어처 티 세트／AWABEES

손잡이에 좋아하는 참 장식을 단다.

트렁크를 열면 안에 포켓이 달려 있다.

25

카노티에 &
둥근 칼라 원피스

40 만드는 법 ❁ **67** 페이지
41 만드는 법 ❁ **71** 페이지

디자인·제작 ╱ 가네마루 가호리

핑크 리본으로 포인트를 준 리넨 카노티에와
산뜻한 핑크 스트라이프의 둥근 칼라 원피스.
흰 칼라와 커프스가 전체를 감각적으로 마무리한다.

40

41

책 ╱ AWABEES
옷걸이 ╱ 8페이지 no. 3
미니어처 옷장 ╱ 편집부 제공

바람이 기분 좋은 날에는
가족과 함께 피크닉.
멋진 휴일이 될 것 같아요.

모델: Licca 비주 시리즈
'샤이니 타임' ／ 다카라토미
슈즈 ／ 편집부 제공

헤드드레스 & 에이프런 &
반소매 원피스

42
헤드드레스

43
에이프런

44
원피스

42·43 만드는 법 ❀ 76페이지
44 만드는 법 ❀ 74페이지

디자인·제작 / 야마토 지히로

핑크 스트라이프와 페일 그린의 도트 무늬……
로맨틱한 느낌의 천으로 즐기는 코디네이트 세트이다.
겹쳐 입은 듯한 디자인이 사랑스럽다.

접시 / UTUWA

모델: Licca 비주 시리즈
'루미너스 핑크'／다카라토미
양말·부츠／편집부 제공

주말에는 꽃집에서 일해요.
예쁜 꽃에 둘러싸여 있노라면
시간 가는 것도 잊는답니다.

45 베레모

46 포셰트

47 원피스

베레모 & 곰돌이 포셰트 &
데님 원피스

45 만드는 법 ✿ **76**페이지
46·47 만드는 법 ✿ **75**페이지

디자인·제작／야마토 지히로

레드와 블루의 대비가 세련된
펠트 베레모와 데님 원피스.
익살스러운 표정이 매력인 곰돌이 포셰트로 포인트를 주었다.

모델: LiccA 스타일리시 돌 컬렉션
'보태니컬 홀리데이 스타일' / 다카라토미
안경·슈즈 / 편집부 제공

The York Sweet Shop

오늘 오후는 친구와
화제의 디저트 가게 탐방!!

만드는 법 ✽ 64페이지

디자인·제작 / 모토하시 요시에

별무늬 새틴에 도트 망사로
화려하게 멋을 낸 원피스.
오프 숄더에 탈착 가능한
숄이 붙어 있다.
스트랩과 가슴에서 반짝이는
라인스톤이 근사하다.

오프 숄더 원피스

48

토르소 / 다카라토미
보석함·향수병 / AWABEES
진주 목걸이 / 편집부 제공

오늘 밤은 손꼽아 기다려온
오페라 콘서트.
아껴둔 원피스로 한껏 멋을 냈어요. ♪

49

50

모델: Licca 비주 시리즈
'샤이니 타임' / 다카라토미

49 만드는 법 ✳ **63**페이지
50 만드는 법 ✳ **62**페이지

디자인·제작 / 가네마루 가호리

트렌디한 글렌 체크 원피스에
폭신한 퍼 케이프를 코디네이트.
모노톤 컬러의 성숙한 분위기로 완성했다.

풍성한 잠옷을 입으니
공주가 된 것만 같아요.
오늘 밤엔 멋진 꿈을 꾸겠죠.

모델: Licca 비주 시리즈
'샤이니 타임' / 다카라토미
미니어처 테디 베어 / AWABEES
소파 / 편집부 제공

51·53 만드는 법 ❋ **81**페이지
52 만드는 법 ❋ **80**페이지
54 만드는 법 ❋ **78**페이지

잠옷 세트

디자인·제작 ／ 니시무라 아키코

퍼프소매가 깜찍한 핑크 새틴 잠옷이 주인공.
파스텔 블루의 리넨으로 악센트를 주었다.
여기에 눈가리개 모양의 헤드드레스와 하트 쿠션,
리본 슬리퍼 등 소녀 감성을 한껏 자극하는 깜찍한 소품을 함께 매치했다.

미니어처 사이즈의 원피스 & 소품 만들기에 편리한 도구

미니어처 사이즈의 작품을 만들 때 편리한 도구를 소개한다.

❋ 겸자

안단과 몸판 사이에 겸자를 끼워 몸판을 집는다

그대로 몸판을 빼낸다

안단이 간단히 뒤집혔다

수예용 겸자

손가락이 들어가지 않는 작은 부분을 손쉽게 뒤집을 수 있다. 안단을 뒤집을 때 사용하면 작업이 순조롭다.

❋ 가위

컷 워크용 가위

끝이 예리하고 날카로워 섬세한 컷 워크에 최적.

시접에 가위집을 넣을 때에는 끝이 뾰족한 가위를 사용하면 편리하다.

❋ 본드·접착제

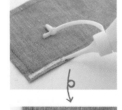

수예용 본드
〈극세 노즐〉

천·종이·나무 등 수공예품 전반에 사용할 수 있는 접착제. 시접을 접어 붙일 때도 사용한다.

극세 노즐로 좁은 부분도 편하게 작업할 수 있다.

수예용 본드
〈강력 타입〉

금속이나 비즈 등 단단한 소재를 접착할 수 있는 본드. 끈적이지 않아 깔끔하게 완성된다.

입구가 가는 노즐로 핀 포인트에 접착할 수 있다

참 장식 등 부품을 달 때도 유용

❋ 올 풀림 방지액

천 끝에 소량 발라 완전히 마른 뒤 바느질한다

올 풀림 방지액

천 끝에 바르는 것만으로 올 풀림을 막을 수 있다. 미니어처 원피스는 시접이 좁아서 천 끝은 올 풀림 방지액을 사용한다.

❋ 다리미

패치워크용 다리미(위)
NEW 패치워크용 인두(아래)

다림질하는 파트가 작아서 패치워크 전용 다리미나 인두를 사용하면 작업하기 편하다.

❋ 실물 크기 패턴 사용법

이 책에 수록된 패턴은 모두 실물 크기이다. 확대 복사하지 않아도 된다.
원피스 사이즈는 리카 인형 보디에 맞추어 만들었다.

패턴 보는 법

실물 크기 패턴에는 필요한 부분에 시접이 포함되어 있다. 표기한 곳 이외의 시접은 0.5cm이다.

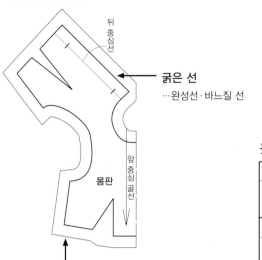

굵은 선
…완성선·바느질 선

바깥쪽 가는 선 …시접선·천을 자르는 선

패턴 사용법

패턴은 비치는 종이에
베끼거나 복사하여
가위로 잘라 사용한다.

'골선'이란?

패턴이나 천이 하나로 연결된 상태.
'골선' 위치에서 패턴을 좌우대칭으로 반전시킨다.

옷본 기호

완성선	골선	접음선
——————	— — — —	– – – –
안단선	**식서 방향**(화살표는 천의 세로 올 방향)	**똑딱단추**
– · – · – · –	——————▶	+

표시하는 법·재단

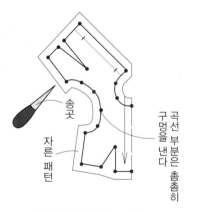

송곳
자른 패턴
곡선 부분은 촘촘히
구멍을 낸다

1. 패턴의 완성선과 모서리,
다트 끝에 송곳으로 구멍을 내어
초크 펜슬 끝이 들어가게 한다.

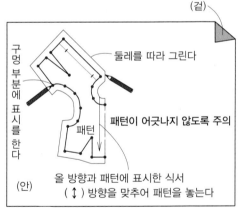

(겉)
둘레를 따라 그린다
구멍 부분에 표시를 한다
패턴이 어긋나지 않도록 주의
패턴
올 방향과 패턴에 표시한 식서
(↕) 방향을 맞추어 패턴을 놓는다
(안)

2. 천 안쪽에 패턴을 겹쳐 초크 펜슬로 둘레를 따라
그린 뒤, 패턴에 구멍을 낸 위치에도 표시를 한다.
(사용하는 천 종류와 파트의 수는 만드는 법
페이지의 '준비하는 파트'를 참조)

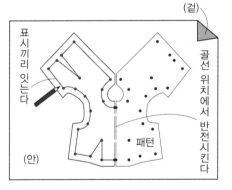

(겉)
표시끼리 잇는다
골선 위치에서 반전시킨다
패턴
(안)

3. 구멍을 낸 위치의 표시끼리 초크 펜슬로 잇는다.
'골선' 위치에서 패턴을 반전시켜 같은 방법으로
표시를 베낀다.

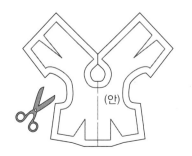

(안)

4. 베낀 시접선 위를 가위로 자른다.

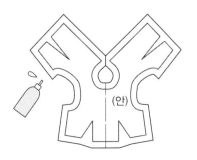

(안)

5. 천 끝에 올 풀림 방지액을 바른다.

시접이 포함되지 않은 경우

일부 패턴에는 작은 파트를 바느질하기
편하도록 '가재단'하려고 시접을 넣지 않았다.
이 경우 지정된 치수로 자른 천에 표시만 베껴
완성선을 바느질한 뒤 시접을 넣어 자른다.

※ 만들기 전에

◆만드는 법 페이지의 숫자 단위는 cm(센티미터)이다.
이 책의 재료는 실제 천 폭에 관계없이 최소한의 사용량을 표시했다.

바느질 요령

만드는 법 페이지의 봉합 지시는 '바느질한다'로 썼다. 이 부분은 재봉틀로 박거나 손바느질의 '박음질'로 꿰매자.
소매를 달 때나 작은 파트를 바느질할 때는 손바느질하는 쪽을 권한다.

재봉 포인트

＊박기 시작과 박기 끝

박기 시작과 끝은 되돌아박기를 한다. 되돌아박기는 같은 바늘땀 위를 2~3회 겹쳐 박는다.

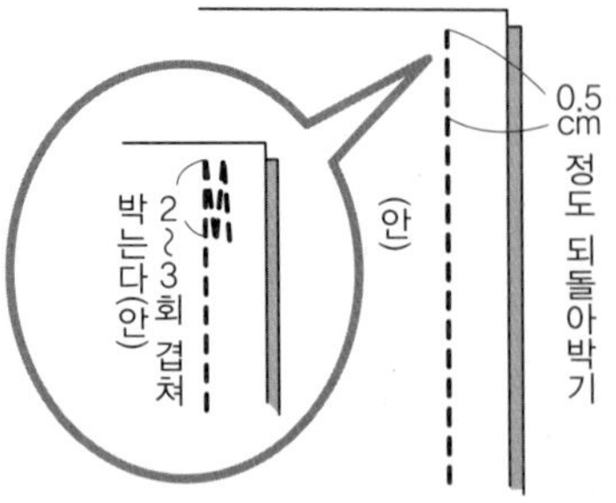

박는다(안)
2~3회 겹쳐
(안)
0.5cm
정도 되돌아박기

기본적인 손바느질

＊박음질(바느질한다)

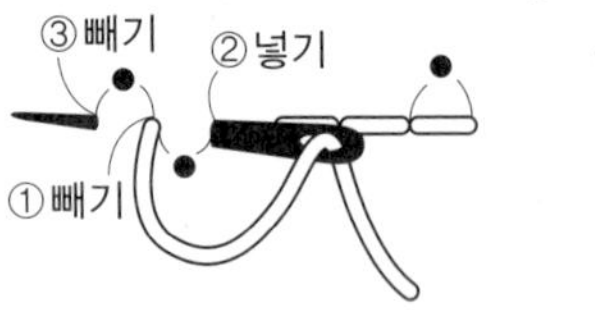

● =0.2cm 정도
③빼기
②넣기
①빼기

＊홈질 (촘촘히 바느질한다)

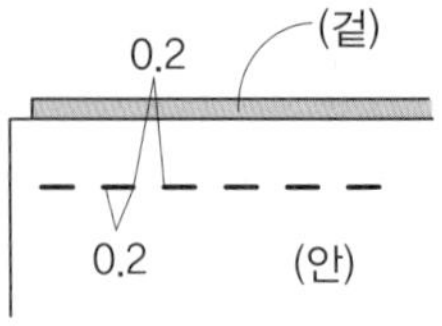

0.2
(겉)
0.2
(안)

안단용 망사란

이 책은 일부 작품을 제외하고 잘라도 올이 풀리지 않는 망사를 안단에 사용했다. 망사에는 여러 종류가 있는데, 장력이 거의 없는 '소프트 망사'를 권한다.

＊감침질한다

세로감치기

천끼리 겹쳤을 때 등에 쓰이는 바느질 방법이다.

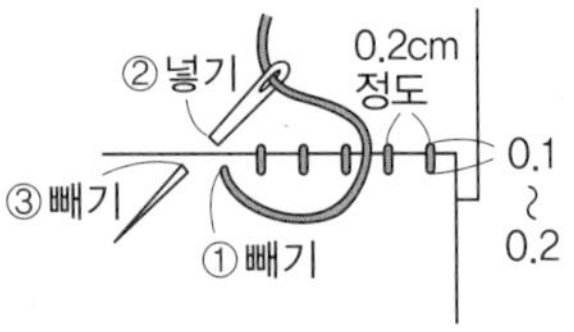

②넣기
0.2cm 정도
③빼기
①빼기
0.1 ~ 0.2

ㄷ자 꿰매기

주로 창구멍을 감침질할 때 쓰이는 바느질 방법이다.

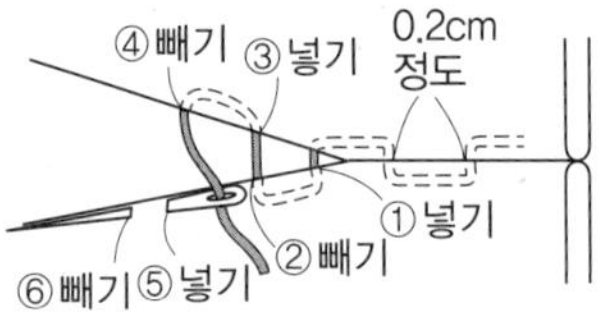

④빼기
③넣기
0.2cm 정도
①넣기
②빼기
⑥빼기
⑤넣기

시접을 가른다, 눕힌다

2장의 천을 재봉틀로 박았을 때 시접을 좌우로 벌리는 경우와 한쪽으로 눕히는 경우가 있다.

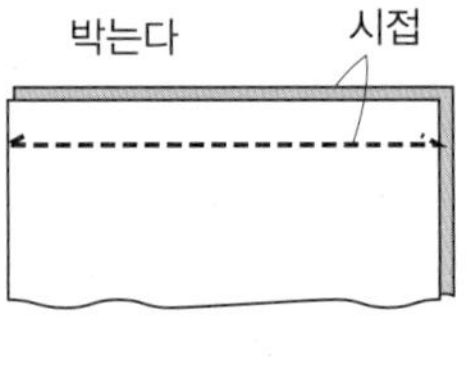

박는다
시접

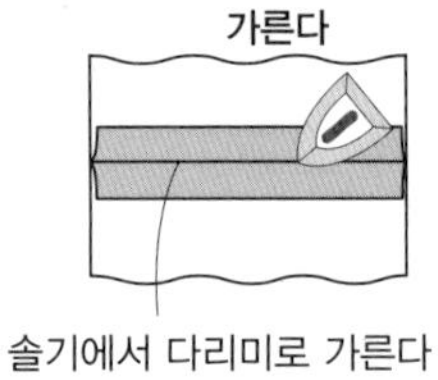

가른다
솔기에서 다리미로 가른다

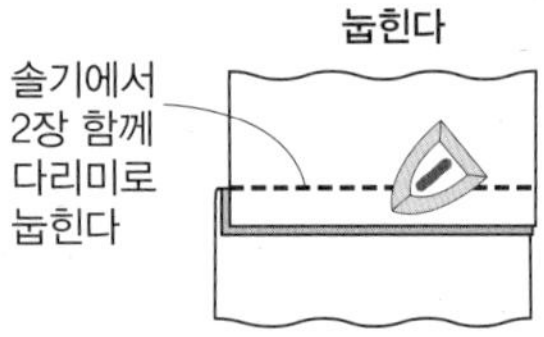

눕힌다
솔기에서 2장 함께 다리미로 눕힌다

똑딱단추 다는 법

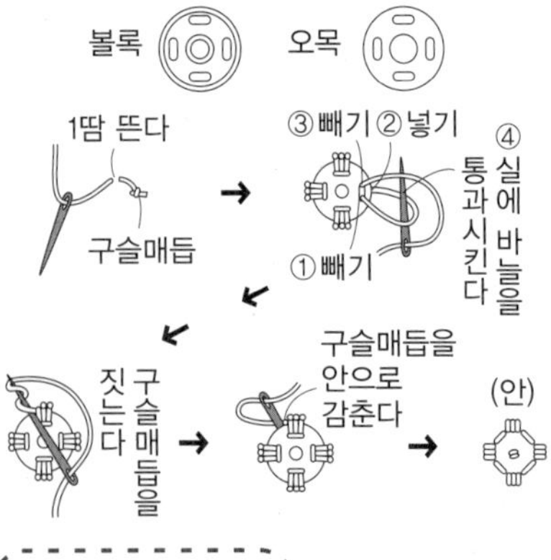

볼록
오목
1땀 뜬다
구슬매듭
③빼기
②넣기
①빼기
④실에 바늘을 통과시킨다
구슬매듭을 짓는다
구슬매듭을 안으로 감춘다
(안)

개더 잡는 법

손바느질은 홈질로,
재봉틀로 박는 경우는
큰 바늘땀으로 2줄 박는다.
시작과 끝은 실을 10cm 정도씩 남긴다.
(개더를 잡기 위해 바느질한다)

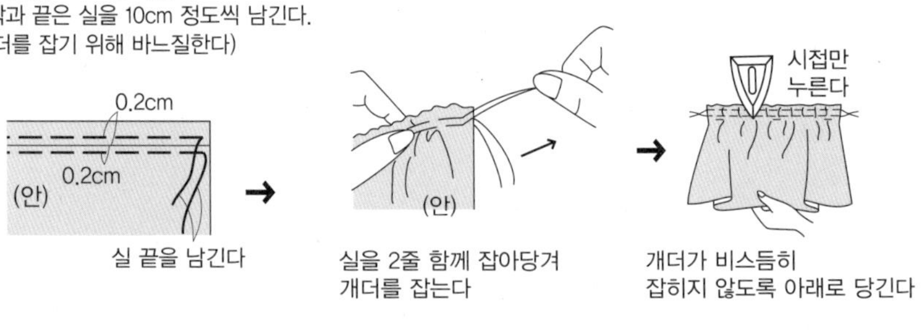

0.2cm
0.2cm
(안)
실 끝을 남긴다
(안)
실을 2줄 함께 잡아당겨 개더를 잡는다
시접만 누른다
개더가 비스듬히 잡히지 않도록 아래로 당긴다

자수실 사용법

25번 자수실은 6가닥의 가는 실을 합쳐서 1묶음이다

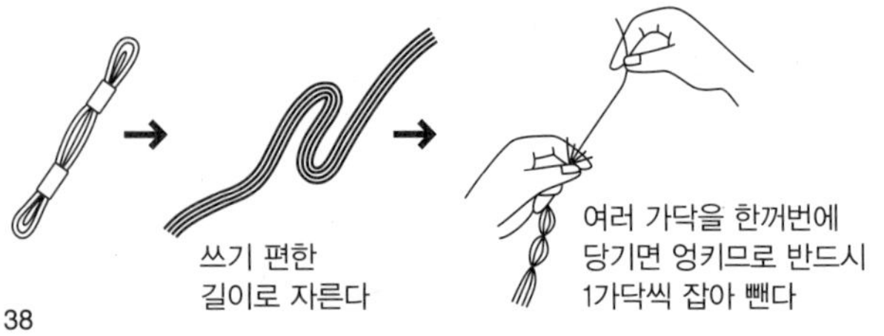

쓰기 편한 길이로 자른다
여러 가닥을 한꺼번에 당기면 엉키므로 반드시 1가닥씩 잡아 뺀다

'○가닥'이란…

1가닥씩 잡아 뺀 실을 몇 가닥이든 모아서 바늘에 끼워 사용하는 것

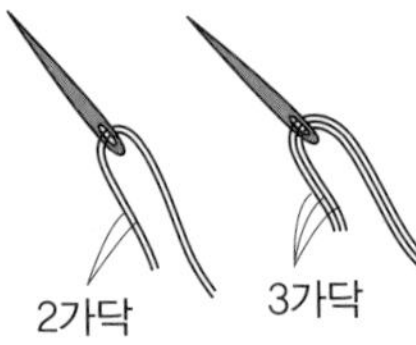

2가닥
3가닥

휘갑치기

2장의 천 끝을 나선형으로 감듯이 바느질한다.

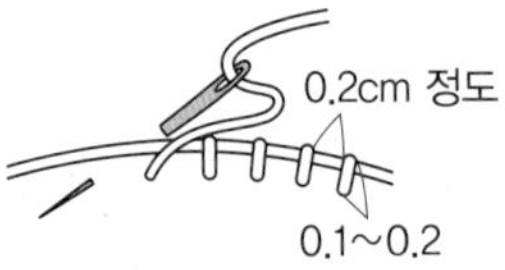

0.2cm 정도
0.1~0.2

  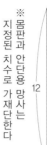

재료(1벌 분량)

- 겉감(면) 40cm 폭 15cm
- 망사 15cm 폭 15cm
- 똑딱단추 지름 0.7cm 2쌍
- **1 · 2** 단추 지름 0.6cm 2개
- **4** 리본 0.4cm 폭 15cm

※스커트의 천 끝에 올 풀림 방지액을 바른 뒤 바느질한다.

만드는 법

1 ❋ 몸판에 안단을 단다

※몸판과 안단용 망사는 지정된 치수로 가재단한다

준비하는 파트

★안단용 망사 이외의 실물 크기 패턴은 41페이지에 있다.

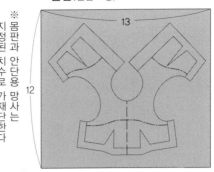

몸판(겉감 · 1장)

13

12

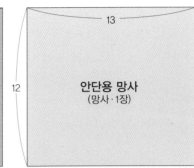

13

12

안단용 망사
(망사 · 1장)

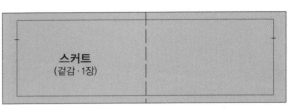

스커트
(겉감 · 1장)

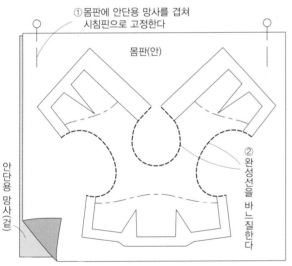

① 몸판에 안단용 망사를 겹쳐 시침핀으로 고정한다

몸판(안)

② 완성선을 바느질한다

안단용 망사(겉)

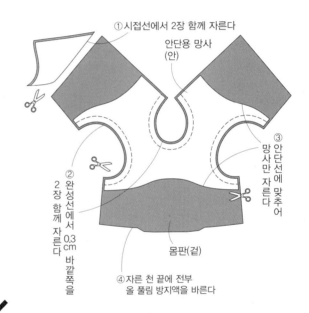

① 시접선에서 2장 함께 자른다

안단용 망사(안)

② 완성선에서 2장 함께 자른다

③ 망사만 자른다

안단선에 맞추어 바깥쪽을 0.3cm

몸판(겉)

④ 자른 천 끝에 전부 올 풀림 방지액을 바른다

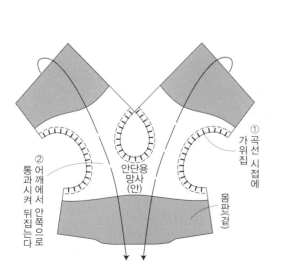

② 어깨에서 안쪽으로 통과시켜 뒤집는다

① 곡선 시접에 가위집

안단용 망사(안)

몸판(겉)

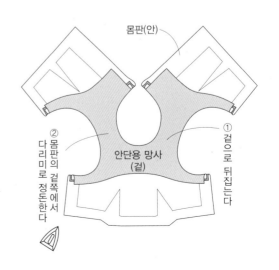

몸판(안)

② 몸판의 겉쪽에서 다리미로 정돈한다

안단용 망사(겉)

① 겉으로 뒤집는다

2 ❊ 다트를 바느질한다

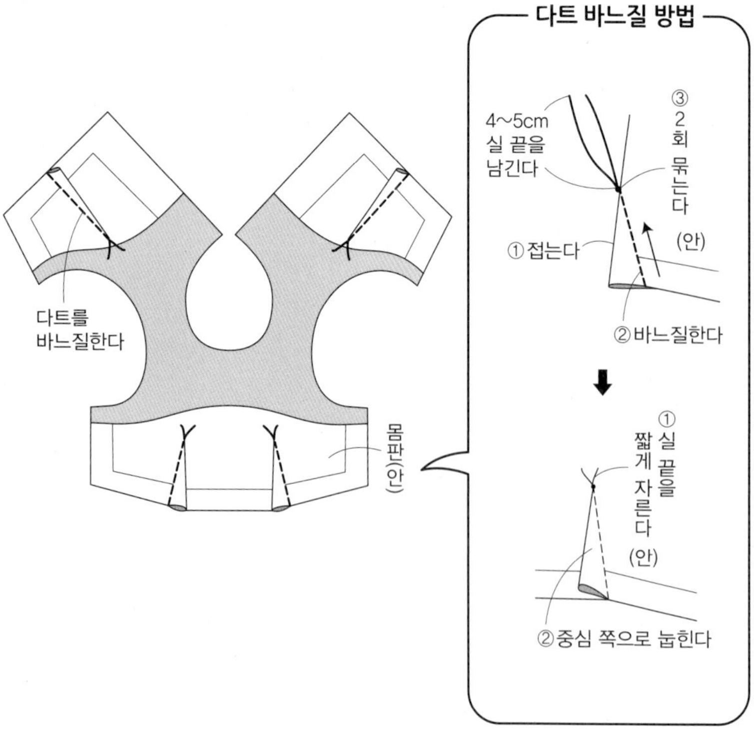
다트를
바느질한다
몸판(안)
다트 바느질 방법
4~5cm
실 끝을
남긴다
③ 2회 묶는다
①접는다
(안)
②바느질한다
① 실 끝을 짧게 자른다
(안)
②중심 쪽으로 눕힌다

3 ❊ 옆선을 바느질한다

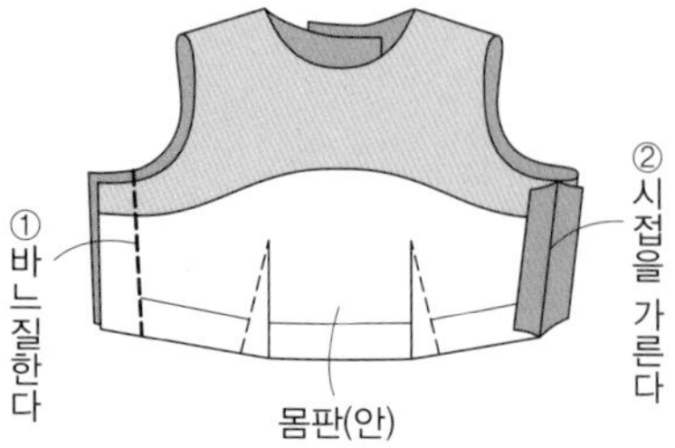
① 바느질한다
② 시접을 가른다
몸판(안)

4 ❊ 스커트를 만든다

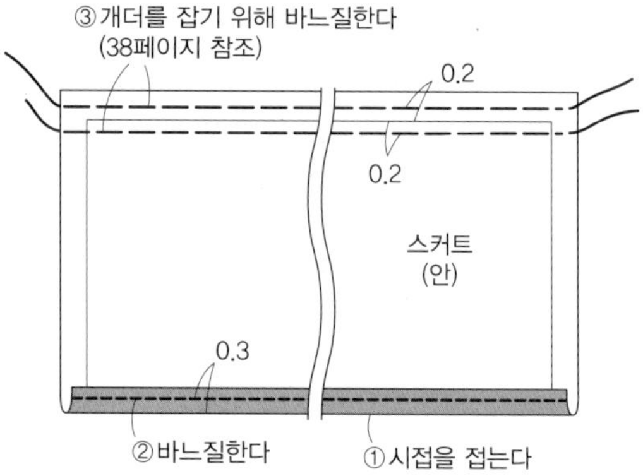
③개더를 잡기 위해 바느질한다
(38페이지 참조)
0.2
0.2
스커트
(안)
0.3
②바느질한다
①시접을 접는다

5 ❊ 몸판과 스커트를 맞춰 바느질한다

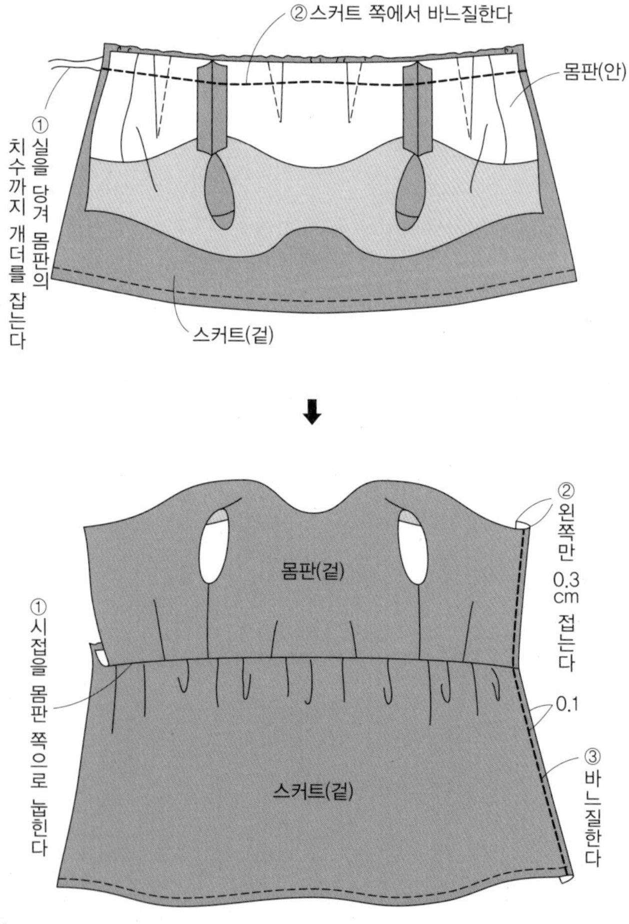
②스커트 쪽에서 바느질한다
몸판(안)
① 실을 당겨 몸판의 치수까지 개더를 잡는다
스커트(겉)
몸판(겉)
② 왼쪽만 0.3cm 접는다
① 시접을 몸판 쪽으로 눕힌다
0.1
③ 바느질한다
스커트(겉)

6 ❊ 뒤 중심선을 바느질한다

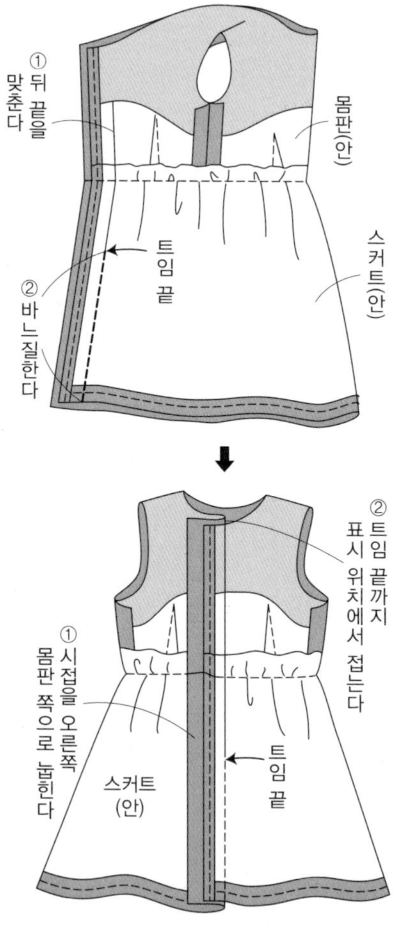
① 뒤 끝을 맞춘다
몸판(안)
트임 끝
② 바느질한다
스커트(안)
② 트임 끝까지 표시 위치에서 접는다
① 시접을 오른쪽 몸판 쪽으로 눕힌다
트임 끝
스커트
(안)

7 ※ 똑딱단추를 단다

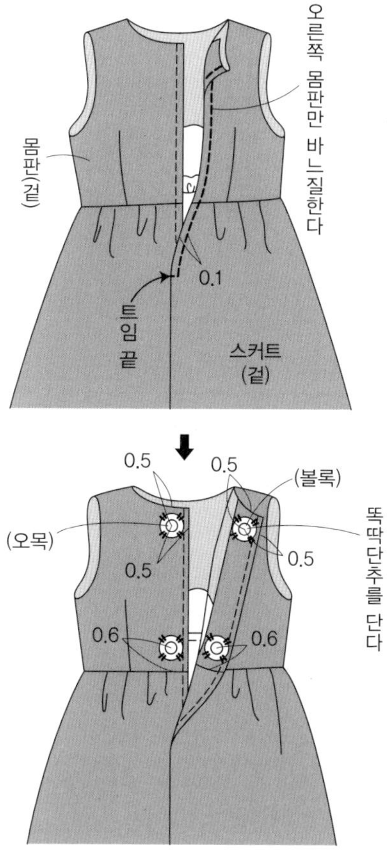
오른쪽 몸판만 바느질한다
몸판(겉)
0.1
트임 끝
스커트 (겉)
0.5
0.5
(볼록)
(오목)
0.5
0.5
똑딱단추를 단다
0.6
0.6

8 ※ 완성

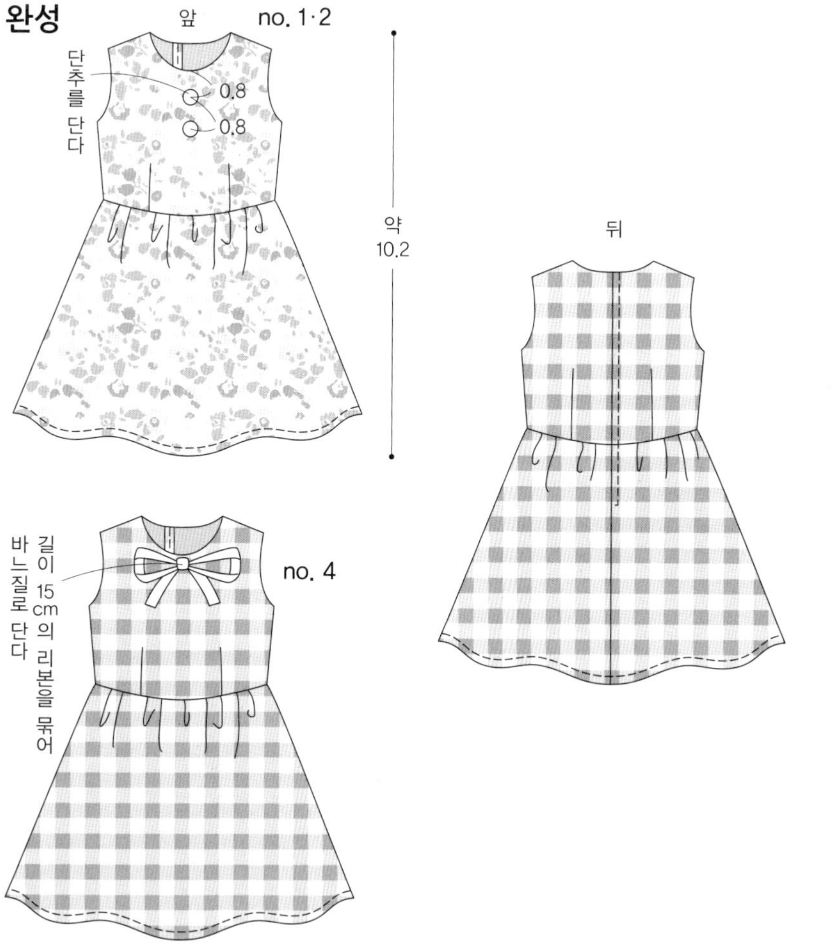
앞
no. 1·2
단추를 단다
0.8
0.8
약 10.2
뒤
길이 15cm의 리본을 묶어 바느질로 단다
no. 4

1·2·4 실물 크기 패턴

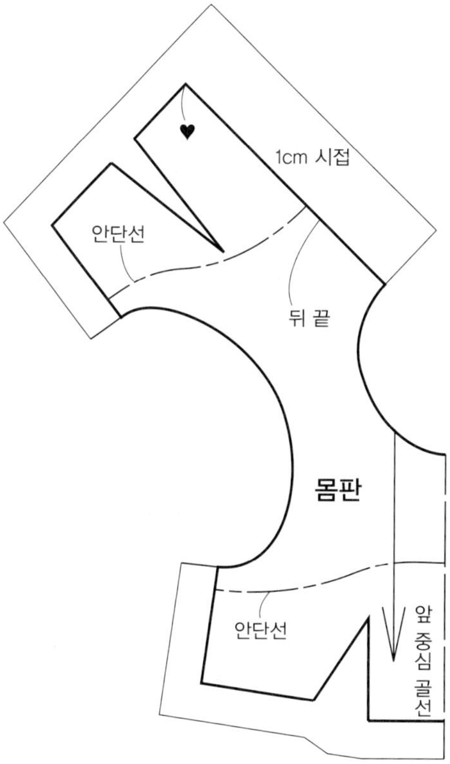
1cm 시접
안단선
뒤 끝
몸판
안단선
앞 중심 골선

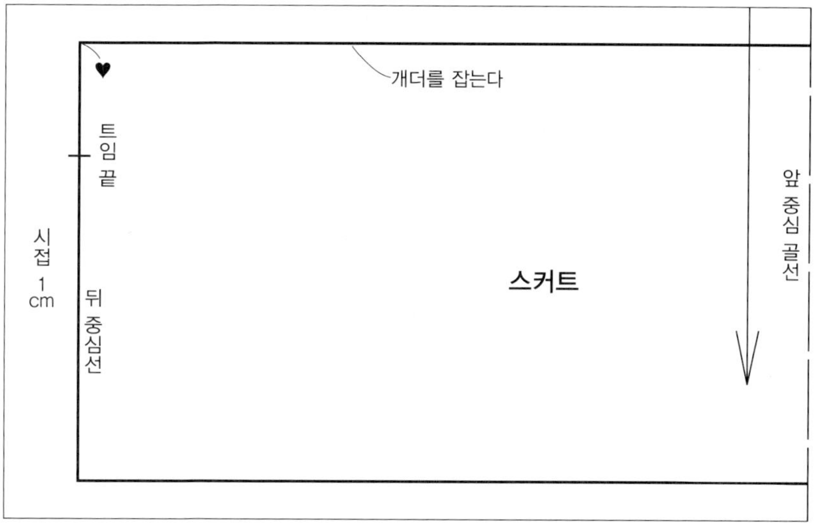
개더를 잡는다
트임 끝
시접 1cm
뒤 중심선
스커트
앞 중심 골선

10페이지 **6**　11페이지 **7**

20페이지 **24**

6·24　　**7**

재료(1벌 분량)

- 겉감(면) 25cm 폭 25cm
- 망사 15cm 폭 15cm
- 매직테이프(벨크로, 찍찍이) 0.5cm 폭 10cm
- **7** 리본 A 0.6cm 폭 20cm
- **7** 리본 B 0.4cm 폭 5cm
- **7** 미니 버클 안지름 0.6cm 1개
- **7** 단추 지름 0.4cm 2개

만드는 법

1 ✿ 몸판에 안단을 단다

준비하는 파트

★몸판의 실물 크기 패턴은 45페이지에 있다.

몸판
(겉감·1장)

12

10

안단용
망사
(망사·1장)

※안단용 망사는 지정된 치수로 가재단한다.

③천 끝에 전부
올 풀림 방지액을
바른다

②안단선에
맞추어
안단용 망사를
자른다

①2장 함께 완성선에서 0.3cm 바깥쪽을 자른다

안단용
망사(안)

0.3

몸판
(겉)

②완성선을 바느질한다

①몸판에 안단용 망사를 겹쳐 시침핀으로 고정한다

안단용 망사(겉)

몸판
(안)

①곡선 시접에
가위집

②어깨에서 안쪽으로 통과시켜 뒤집는다

안단용
망사
(안)

몸판(겉)

42

② 몸판의 겉쪽에서
다리미로 정돈한다

안단용
망사
(겉)

① 겉으로 뒤집는다

몸판(안)

3 ❈ 밑단선을 바느질한다

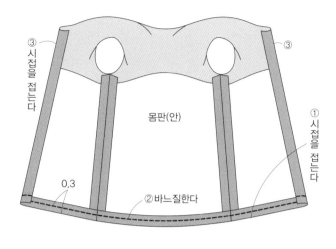

③ 시접을 접는다

③

몸판(안)

① 시접을 접는다

0.3

② 바느질한다

2 ❈ 옆선을 바느질한다

② 시접을 가른다

① 바느질한다

몸판(안)

4 ❈ 장식을 단다(7만)

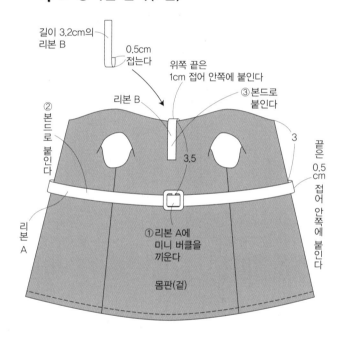

길이 3.2cm의
리본 B

0.5cm
접는다

위쪽 끝은
1cm 접어 안쪽에 붙인다

리본 B

③ 본드로
붙인다

② 본드로
붙인다

3

3.5

끝은
0.5
cm
접어
안쪽에
붙인다

리본
A

① 리본 A에
미니 버클을
끼운다

몸판(겉)

5 ❈ 매직테이프를 단다

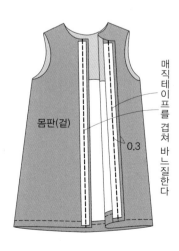

몸판(겉)

매직테이프를 겹쳐 바느질한다

0.3

6 ❈ 완성

no. 6·24

앞

뒤

약
10.5

no. 7

단추를
단다

0.4

0.8

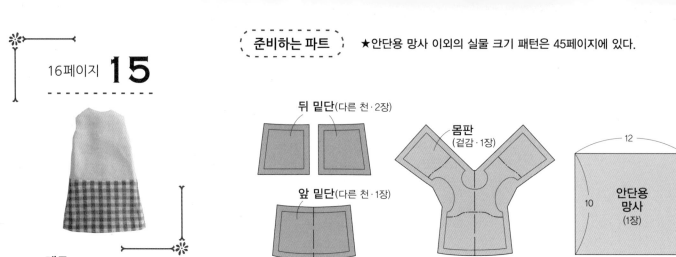

16페이지 **15**

재료

- 겉감(면·무지) 20cm 폭 15cm
- 다른 천(면·체크) 25cm 폭 10cm
- 망사 15cm 폭 15cm
- 매직테이프 0.5cm 폭 10cm

준비하는 파트 ★안단용 망사 이외의 실물 크기 패턴은 45페이지에 있다.

뒤 밑단(다른 천·2장)

앞 밑단(다른 천·1장)

몸판 (겉감·1장)

12
10
안단용 망사 (1장)

※안단용 망사는 지정된 치수로 가재단한다.

만드는 법 ※앞 밑단, 뒤 밑단의 천 끝에 올 풀림 방지액을 바른 뒤 바느질한다.

1 ❈ **몸판에 안단을 단다** (42페이지 참조)

2 ❈ **몸판에 밑단을 단다**

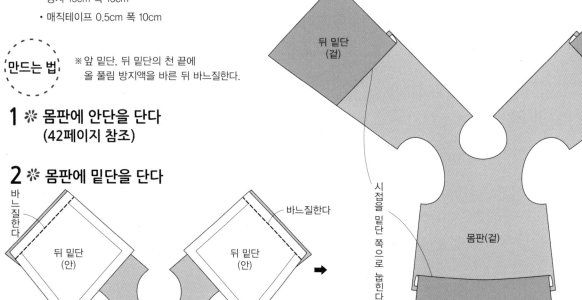

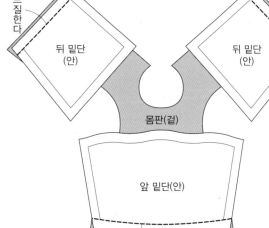

바느질한다
뒤 밑단(안)
뒤 밑단(안)
몸판(겉)
앞 밑단(안)
바느질한다

시접을 밑단 쪽으로 눕힌다
몸판(겉)
뒤 밑단(겉)
뒤 밑단(겉)
앞 밑단(겉)

3 ❈ **옆선을 바느질한다** (43페이지 참조)

4 ❈ **밑단선을 바느질한다** (43페이지 참조)

5 ❈ **매직테이프를 단다** (43페이지 참조)

6 ❈ **완성**

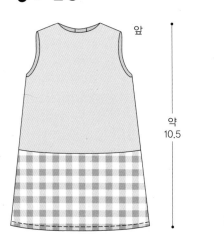

앞
뒤
약 10.5

약 $\frac{1}{3}$

전체 길이의 $\frac{1}{3}$을
1번 접기

리본

긴 쪽을 아래에서
위로 감는다

① 긴 쪽을 1번 접어
고리에 통과시킨다

② 모양을 정돈한다

고리를 고정한다

(안쪽)

리본 안쪽을 감침질로
고정한다

15 실물 크기 패턴

6·7·24 실물 크기 패턴

매직테이프 다는 위치

뒤 밑단

뒤 끝

매직테이프
다는 위치

뒤 끝

안단선

매직테이프
다는 위치

안단선

뒤 끝

안단선

몸판

앞 중심 골선

앞 밑단

앞 중심 골선

리본 B
다는 위치
(no. 7만)

안단선

몸판

앞 중심 골선

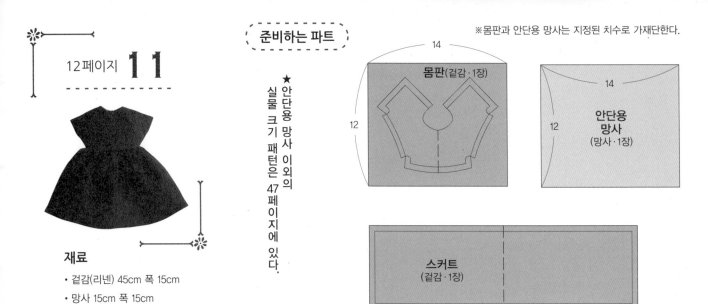

12페이지 **11**

재료
- 겉감(리넨) 45cm 폭 15cm
- 망사 15cm 폭 15cm
- 매직테이프 0.5cm 폭 5cm

준비하는 파트

★안단용 망사 이외의 실물 크기 패턴은 47페이지에 있다.

※몸판과 안단용 망사는 지정된 치수로 가재단한다.

14

몸판(겉감·1장)

12

14

안단용 망사 (망사·1장)

12

스커트 (겉감·1장)

만드는 법 ※스커트의 천 끝에 올 풀림 방지액을 바른 뒤 바느질한다.

1 ✳ 몸판에 안단을 단다

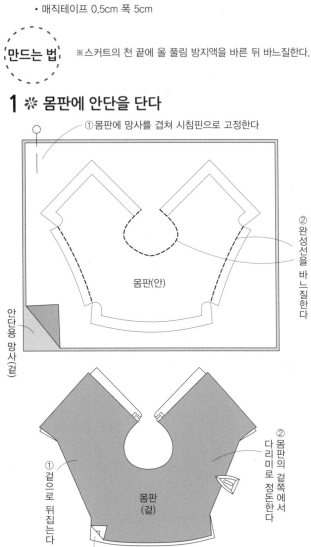

① 몸판에 망사를 겹쳐 시침핀으로 고정한다

② 완성선을 바느질한다

몸판(안)

안단용 망사(겉)

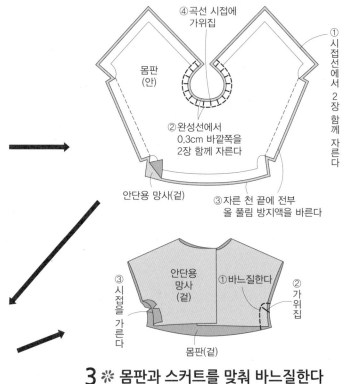

④ 곡선 시접에 가위집

몸판(안)

① 시접선에서 2장 함께 자른다

② 완성선에서 0.3cm 바깥쪽을 2장 함께 자른다

안단용 망사(겉)

③ 자른 천 끝에 전부 올 풀림 방지액을 바른다

③ 시접을 가른다

안단용 망사(겉)

① 바느질한다

② 가위집

몸판(겉)

① 겉으로 뒤집는다

② 몸판의 겉쪽에서 다리미로 정돈한다

몸판(겉)

안단용 망사(안)

2 ✳ 스커트를 만든다
(40페이지 참조)

3 ✳ 몸판과 스커트를 맞춰 바느질한다

① 실을 당겨 치수까지 개더를 잡는다

② 스커트 쪽에서 바느질한다

몸판(겉)

몸판의

안단용 망사(겉)

스커트(겉)

4 ✻ 뒤 중심선을 바느질한다

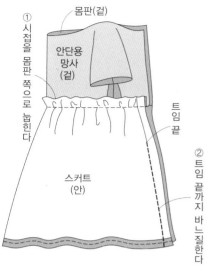

① 시접을 몸판 쪽으로 눕힌다

몸판(겉)

안단용 망사 (겉)

트임 끝

② 트임 끝까지 바느질한다

스커트 (안)

5 ✻ 매직테이프를 단다

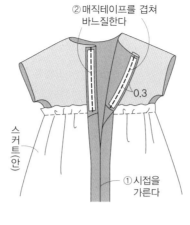

② 매직테이프를 겹쳐 바느질한다

0.3

스커트 (안)

① 시접을 가른다

11 실물 크기 패턴

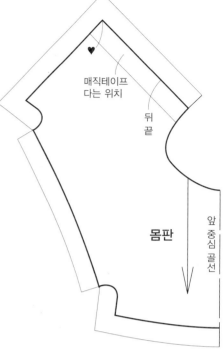

매직테이프 다는 위치

뒤 끝

앞 중심 골선

몸판

6 ✻ 완성

앞

약 11

뒤

뒤 중심 접는다

뒤 끝

개더를 잡는다

스커트

앞 중심 접는다

47

13페이지 **12**

재료
- 겉감(면) 30cm 폭 15cm
- 매직테이프 0.5cm 폭 10cm

준비하는 파트 ★뒤, 앞, 포켓의 실물 크기 패턴은 49페이지에 있다.

뒤(겉감·2장) 앞(겉감·1장) 포켓(겉감·2장)

만드는 법 ※모든 파트의 천 끝에 올 풀림 방지액을 바른 뒤 바느질한다.

1 ✳ **어깨선을 바느질한다**

뒤(겉)
①바느질한다
②시접을 가른다
앞(겉)
뒤(안)

①곡선 시접에 가위집
③바느질한다
뒤(안)
0.2cm 남긴다
0.2
②시접을 접어 본드로 붙인다
④시접을 접어 본드로 붙인다
앞(안)

2 ✳ **옆선을 바느질한다**

②가위집
③시접을 가른다
①바느질한다
뒤(안)
앞(겉)

3 ✳ **밑단선을 바느질한다**

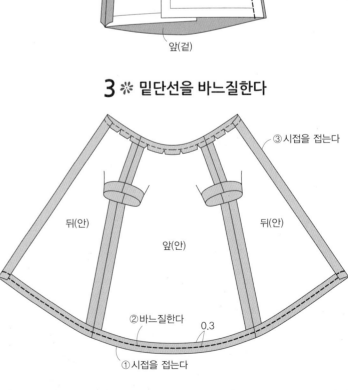

③시접을 접는다
뒤(안) 앞(안) 뒤(안)
②바느질한다
0.3
①시접을 접는다

4 ✽ 매직테이프를 단다

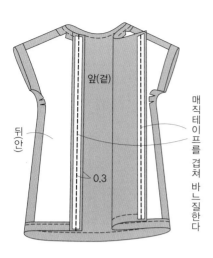

앞(겉)

뒤(안)

0.3

매직테이프를 겹쳐 바느질한다

5 ✽ 포켓을 만들어 단다

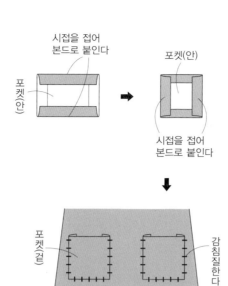

시접을 접어 본드로 붙인다

포켓(안)

포켓(안)

시접을 접어 본드로 붙인다

포켓(겉)

감침질한다

앞(겉)

6 ✽ 완성

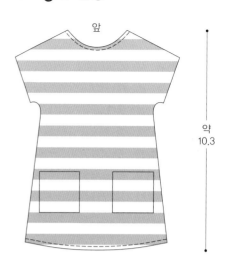

앞

약 10.3

뒤

12 실물 크기 패턴

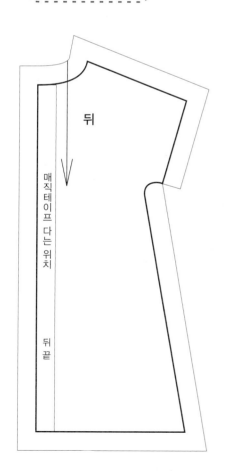

뒤

매직테이프 다는 위치

뒤 끝

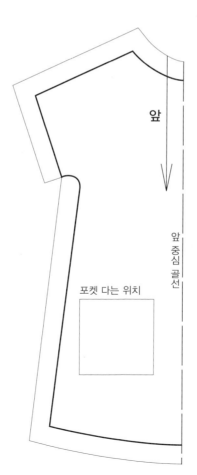

앞

앞 중심 골선

포켓 다는 위치

포켓

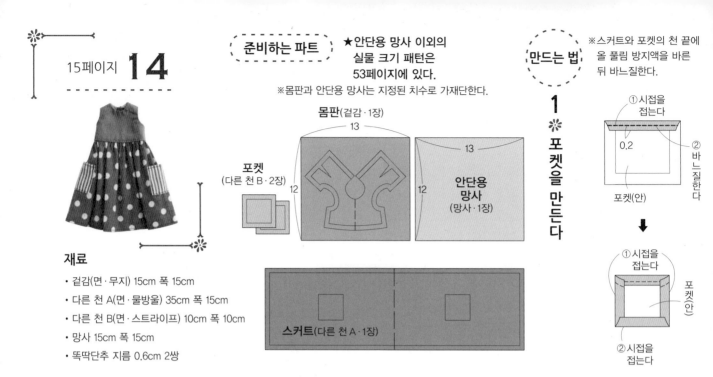

준비하는 파트

★안단용 망사 이외의 실물 크기 패턴은 53페이지에 있다.

※몸판과 안단용 망사는 지정된 치수로 가재단한다.

만드는 법

※스커트와 포켓의 천 끝에 올 풀림 방지액을 바른 뒤 바느질한다.

몸판(겉감·1장)
13
12

포켓
(다른 천 B·2장)

안단용 망사
(망사·1장)
13
12

스커트(다른 천 A·1장)

재료

- 겉감(면·무지) 15cm 폭 15cm
- 다른 천 A(면·물방울) 35cm 폭 15cm
- 다른 천 B(면·스트라이프) 10cm 폭 10cm
- 망사 15cm 폭 15cm
- 똑딱단추 지름 0.6cm 2쌍

1 ※ 포켓을 만든다

①시접을 접는다
②바느질한다
0.2
포켓(안)

①시접을 접는다
②시접을 접는다
포켓(안)

2 ※ 몸판에 안단을 달고 다트를 바느질한다

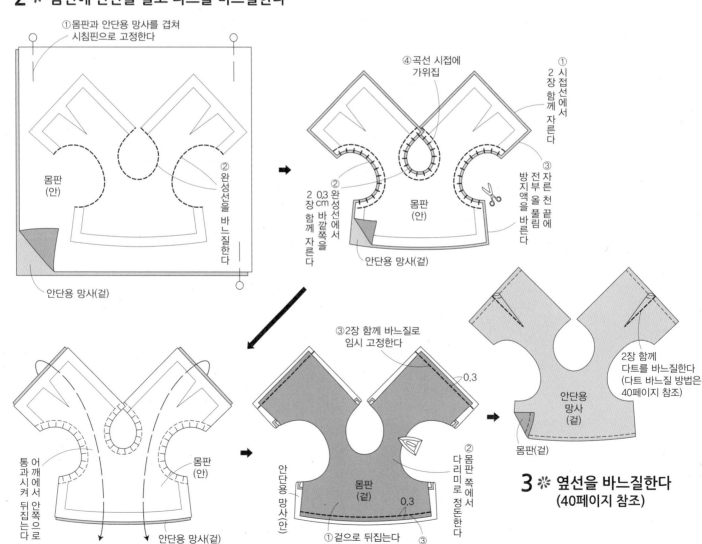

①몸판과 안단용 망사를 겹쳐 시침핀으로 고정한다

몸판(안)

②완성선을 바느질한다

안단용 망사(겉)

①시접선에서 2장 함께 자른다

④곡선 시접에 가위집

②완성선 0.3cm 바깥쪽을 2장 함께 자른다

몸판(안)

③자른 천 끝에 전부 올 풀림 방지액을 바른다

안단용 망사(겉)

어깨에서 통과시켜 뒤집는다 안쪽으로

몸판(안)

몸판(안)

안단용 망사(겉)

③2장 함께 바느질로 임시 고정한다

0.3

안단용 망사(겉)

몸판(겉)

0.3

①겉으로 뒤집는다 ③

②몸판 쪽에서 다리미로 정돈한다

2장 함께 다트를 바느질한다 (다트 바느질 방법은 40페이지 참조)

안단용 망사(겉)

몸판(겉)

3 ※ 옆선을 바느질한다
(40페이지 참조)

4 ✼ 스커트를 만들어 몸판과 맞춰 바느질한다

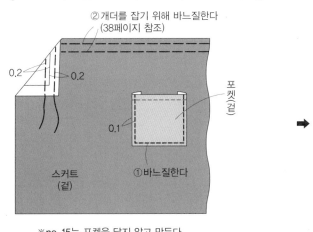

② 개더를 잡기 위해 바느질한다
(38페이지 참조)

0.2

0.2

0.1

스커트
(겉)

포켓(겉)

①바느질한다

※no. 15는 포켓을 달지 않고 만든다

② 스커트 쪽에서 바느질한다

① 실을 당겨 몸판의 치수까지 개더를 잡는다

안단용 망사(겉)

스커트(겉)

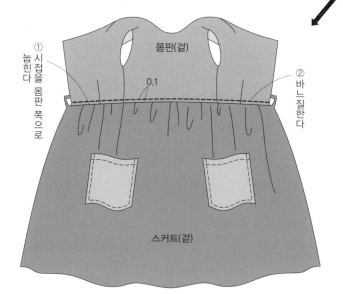

① 눕힌다 시접을 몸판 쪽으로

몸판(겉)

0.1

② 바느질한다

스커트(겉)

5 ✼ 뒤 중심선을 바느질한다

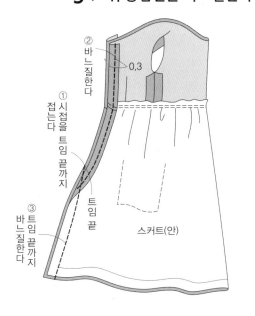

② 바느질한다

0.3

① 시접을 접는다 트임 끝까지

③ 트임 끝까지 바느질한다

트임 끝

스커트(안)

6 ✼ 밑단을 마무리하고 똑딱단추를 단다

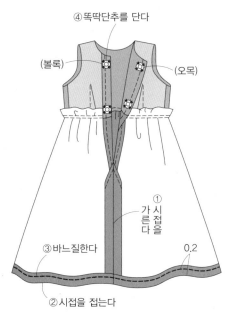

④똑딱단추를 단다

(볼록)

(오목)

① 가른다 시접을

③ 바느질한다

0.2

②시접을 접는다

7 ✼ 완성

앞

뒤

약 12.5

18페이지 **22**

재료

- 겉감(면・무지) 15cm 폭 15cm
- 다른 천(면・스트라이프) 30cm 폭 15cm
- 망사 15cm 폭 15cm
- 똑딱단추 지름 0.6cm 2쌍

만드는 법

※만드는 법은 50페이지 참조

준비하는 파트

★안단용 망사 이외의
실물 크기 패턴은 53페이지에 있다.

※몸판과 안단용 망사는 지정된 치수로 가재단한다.

몸판(겉감・1장)

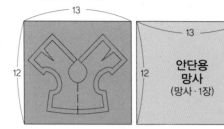

13

12

13

12

**안단용
망사**
(망사・1장)

스커트
(다른 천・1장)

앞

약
14

뒤

12페이지 **10**

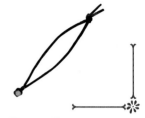

재료
- 끈 0.2cm 폭 20cm
- 메탈 비즈 A 0.4cm 1개
- 메탈 비즈 B 0.2cm 1개

만드는 법

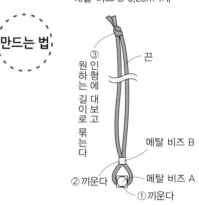

③
원
하
는
길
이
로
묶
는
다

인형에 대
보고

끈

메탈 비즈 B

②끼운다

메탈 비즈 A

①끼운다

20페이지 **23**

재료
- 참 장식 1개
- 클래스프 1개
- 오링 0.2cm 2개
- 체인 10cm

만드는 법

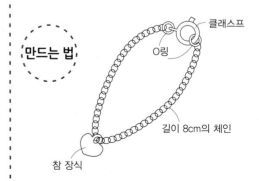

클래스프

오링

길이 8cm의 체인

참 장식

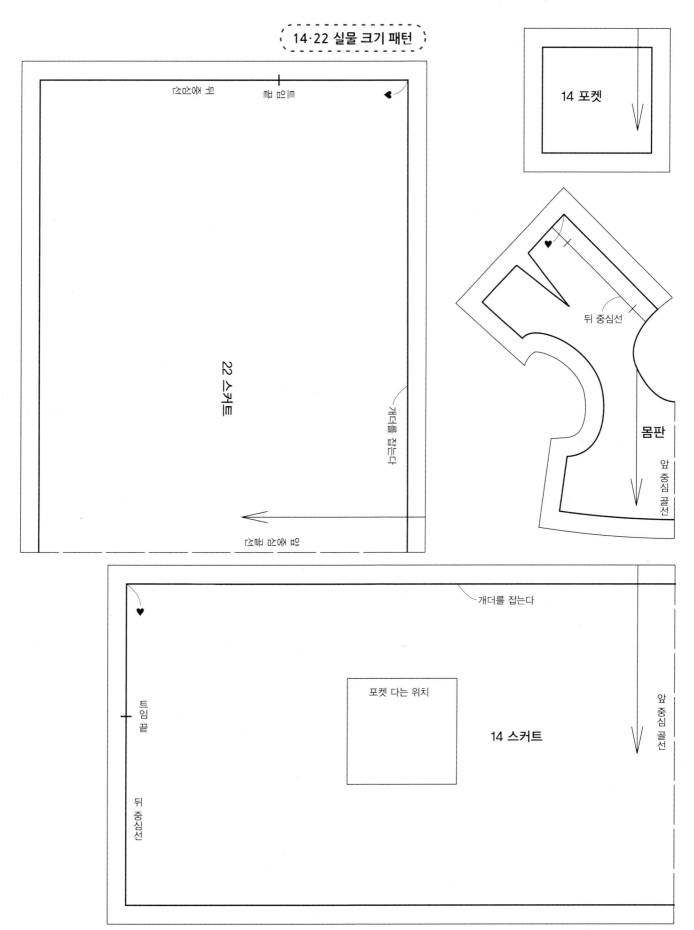

14 포켓

22 스커트

비어 둠때

겨더를 접는다

앞 중심 겉어 둠때

뒤 중심선

몸판

앞 중심 골선

14 스커트

개더를 잡는다

트임 끝

포켓 다는 위치

뒤 중심선

앞 중심 골선

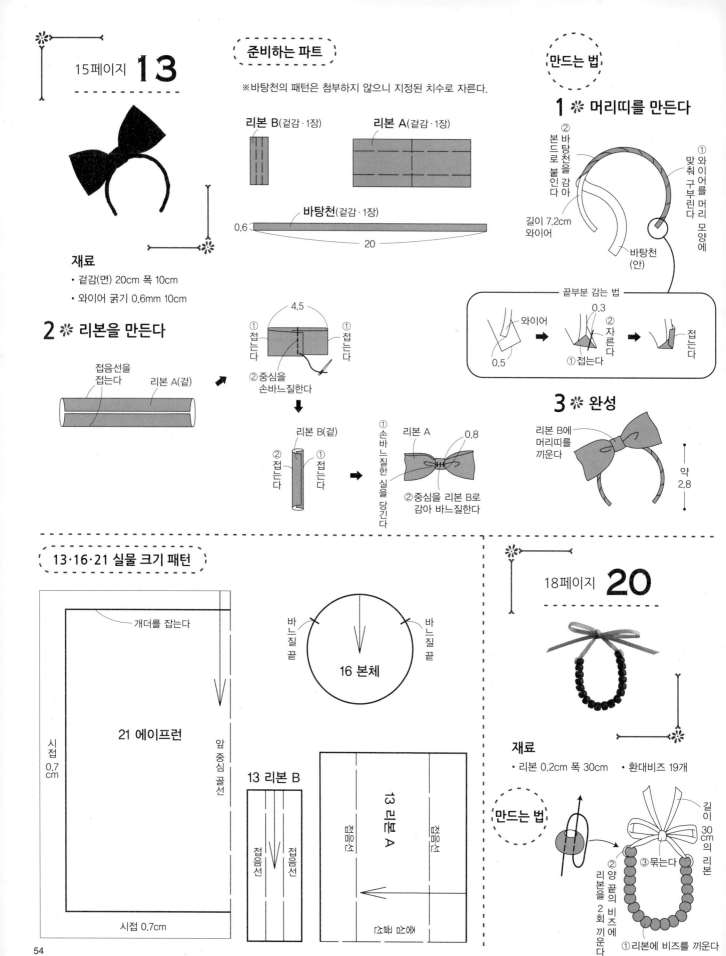

15페이지 **13**

재료
- 겉감(면) 20cm 폭 10cm
- 와이어 굵기 0.6mm 10cm

2 ❋ **리본을 만든다**

접음선을 접는다
리본 A(겉)

4.5
① 접는다
① 접는다
② 중심을 손바느질한다

리본 B(겉)
② 접는다
① 접는다

① 손바느질한 실을 당긴다
리본 A
0.8
② 중심을 리본 B로 감아 바느질한다

준비하는 파트

※바탕천의 패턴은 첨부하지 않으니 지정된 치수로 자른다.

리본 B(겉감·1장)
리본 A(겉감·1장)

바탕천(겉감·1장)
0.6
20

만드는 법

1 ❋ **머리띠를 만든다**

① 와이어를 머리 모양에 맞춰 구부린다
② 본드로 붙인다
바탕천을 감아
길이 7.2cm 와이어
바탕천(안)

끝부분 감는 법
와이어
0.5
① 접는다
0.3
② 자른다
① 접는다
접는다

3 ❋ **완성**

리본 B에 머리띠를 끼운다
약 2.8

13·16·21 실물 크기 패턴

개더를 잡는다

시접 0.7cm

21 에이프런

앞 중심 골선

시접 0.7cm

바느질 끝
바느질 끝
16 본체

13 리본 B
접음선
접음선

13 리본 A
접음선
접음선
앞 중심 골선

18페이지 **20**

재료
- 리본 0.2cm 폭 30cm
- 환대비즈 19개

만드는 법

길이 30cm의 리본
② 양 끝의 리본을 2회 끼운다
③ 묶는다
① 리본에 비즈를 끼운다

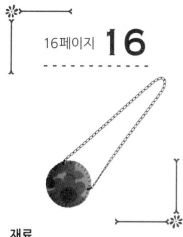

만드는 법

② 뒤 본체의 패턴을 베껴 자른다

① 앞 본체를 본드로 붙인다

겉감(겉)　펠트

② 1장씩 블랭킷 스티치

바느질 끝　뒤 본체(펠트)

앞 본체 (겉감)

① 2장 함께 블랭킷 스티치

※블랭킷 스티치 수놓는 법은 84페이지.(손바느질한다)

굵은 바늘로 구멍을 낸다

바느질 끝

앞 본체 (겉감)　0.2

길이 17cm의 체인

구멍에 O링을 끼워 체인을 단다

약 2.9

재료

• 겉감(면) 5cm 폭 5cm　• 펠트 5×10cm
• O링 0.2cm 2개　• 체인 20cm

준비하는 파트

★ 뒤 본체의 실물 크기 패턴은 54페이지에 있다.

※앞 본체는 지정된 치수로 가재단한다.

4

4

뒤 본체(펠트 · 1장)

앞 본체(겉감 · 펠트 · 각 1장)

만드는 법　※모든 천 끝에 올 풀림 방지액을 바른 뒤 바느질한다.

② 바느질한다

에이프런 (안)

① 시접을 접는다

0.2　0.1

개더를 잡기 위해 바느질한다 (38페이지 참조)

0.3

0.1

에이프런 (안)

① 5cm까지 개더를 잡는다

0.1

0.1

② 바느질에 리본을 겹쳐 시접에 바느질한다

에이프런 (겉)

길이 40cm 리본

약 8

재료

• 겉감(면) 15cm 폭 10cm
• 리본 0.5cm 폭 40cm

준비하는 파트

★ 에이프런의 실물 크기 패턴은 54페이지에 있다.

에이프런(겉감 · 1장)

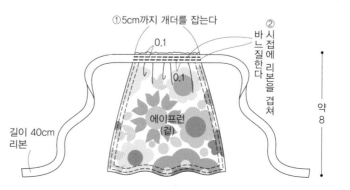

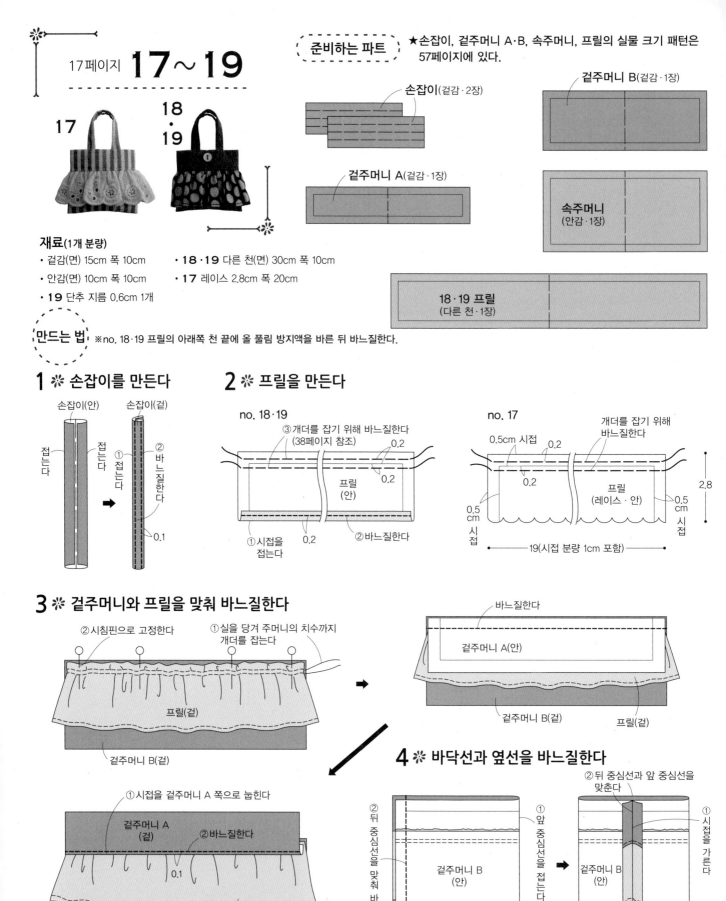

17

18 · 19

준비하는 파트

★손잡이, 겉주머니 A·B, 속주머니, 프릴의 실물 크기 패턴은 57페이지에 있다.

손잡이(겉감·2장)

겉주머니 A(겉감·1장)

겉주머니 B(겉감·1장)

속주머니
(안감·1장)

18·19 프릴
(다른 천·1장)

재료(1개 분량)
• 겉감(면) 15cm 폭 10cm
• 안감(면) 10cm 폭 10cm
• **19** 단추 지름 0.6cm 1개
• **18·19** 다른 천(면) 30cm 폭 10cm
• **17** 레이스 2.8cm 폭 20cm

만드는 법 ※no. 18·19 프릴의 아래쪽 천 끝에 올 풀림 방지액을 바른 뒤 바느질한다.

1 ❈ **손잡이를 만든다**

손잡이(안)   손잡이(겉)
접는다 접는다
①접는다
②바느질한다
0.1

2 ❈ **프릴을 만든다**

no. 18·19
③개더를 잡기 위해 바느질한다
(38페이지 참조)
0.2
프릴(안)
0.2
①시접을 접는다 0.2 ②바느질한다

no. 17
0.5cm 시접 0.2
개더를 잡기 위해 바느질한다
0.2
프릴(레이스·안)
0.5cm 시접 0.5cm 시접
2.8
19(시접 분량 1cm 포함)

3 ❈ **겉주머니와 프릴을 맞춰 바느질한다**

②시침핀으로 고정한다
①실을 당겨 주머니의 치수까지 개더를 잡는다
프릴(겉)
겉주머니 B(겉)

바느질한다
겉주머니 A(안)
겉주머니 B(겉) 프릴(겉)

①시접을 겉주머니 A 쪽으로 눕힌다
겉주머니 A (겉)
②바느질한다
0.1
겉주머니 B(겉) 프릴(겉)

4 ❈ **바닥선과 옆선을 바느질한다**

②뒤 중심선을 맞춰 바느질한다
①앞 중심선을 접는다
겉주머니 B (안)

②뒤 중심선과 앞 중심선을 맞춘다
①시접을 가른다
겉주머니 B (안)
③바느질한다
※속주머니도 같은 방법으로 바느질한다.

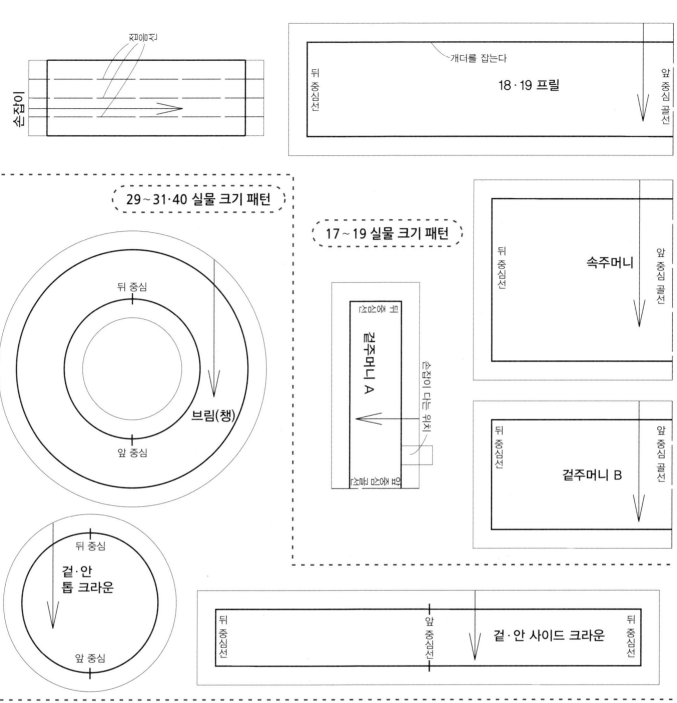

손잡이

레이스

개더를 잡는다

뒤 중심선

앞 중심 골선

18·19 프릴

29~31·40 실물 크기 패턴

뒤 중심

앞 중심

브림(챙)

겉·안
톱 크라운

뒤 중심

앞 중심

17~19 실물 크기 패턴

뒤 겉주머니

손잡이 다는 위치

겉주머니 A

앞 겉주머니

뒤 중심선

앞 중심 골선

속주머니

뒤 중심선

앞 중심 골선

겉주머니 B

뒤 중심선

앞 중심선

겉·안 사이드 크라운

뒤 중심선

5 ❋ 겉주머니와 속주머니를 맞춰 바느질한다

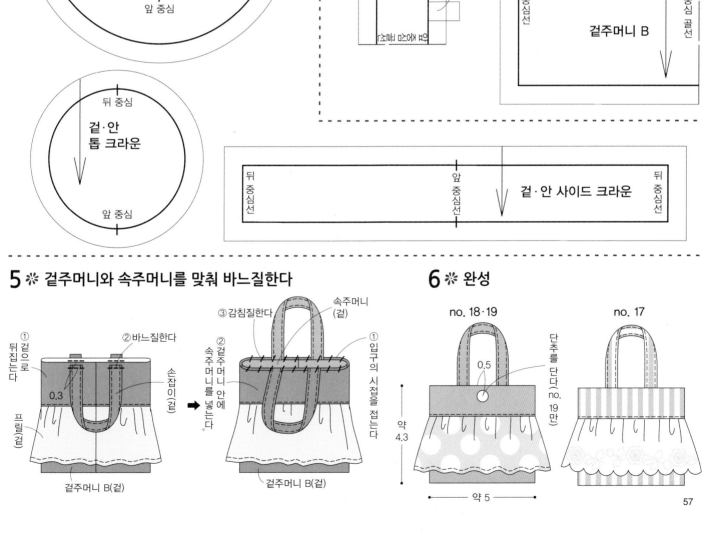

① 뒤 겉으로 집는다

② 바느질한다

③ 감침질한다

속주머니(겉)

② 속주머니를 겉주머니 안에 넣는다

① 입구의 시접을 접는다

손잡이(겉)

0.3

프릴(겉)

겉주머니 B(겉)

겉주머니 B(겉)

6 ❋ 완성

no. 18·19

약 4.3

약 5

0.5

no. 17

단추를 단다(no. 19만)

57

25~27

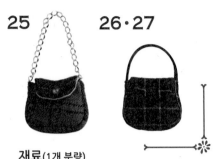

25   **26·27**

준비하는 파트

★ 겉·속 뒷주머니, 겉·속 앞주머니, 겉·속 바닥면의 실물 크기 패턴은 61페이지에 있다.

겉 뒷주머니 (겉감·1장)

겉 앞주머니 (겉감·1장)

속 뒷주머니 (안감·1장)

속 앞주머니 (안감·1장)

속 바닥면 (안감·1장)

겉 바닥면(겉감·1장)

재료(1개 분량)

- 겉감(울) 30cm 폭 10cm
- 안감(면) 30cm 폭 10cm
- 단추 지름 0.6cm 1개
- 똑딱단추 지름 0.6cm 1쌍
- **25** 체인 10cm
- **26 · 27** 테이프 0.3cm 폭 10cm

만드는 법 ※모든 천 끝에 올 풀림 방지액을 바른 뒤 바느질한다.

1 ※ 주머니와 바닥면을 맞춰 바느질한다

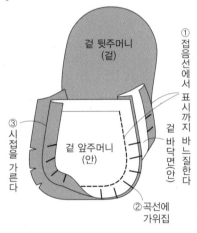

겉 뒷주머니 (겉)

① 접음선에서 표시까지 바느질한다

③ 시접을 가른다

겉 바닥면(안)

② 곡선에 가위집

② 시접을 접는다

겉 뒷주머니 (겉)

겉 앞주머니 (안)

① 접음선의 위치에서 시접에 가위집

※ 속주머니도 같은 방법으로 바느질한다

3 ※ 완성

no. 26 · 27

단추를 단다

약 3

약 3.5

2 ※ 겉주머니와 속주머니를 맞춰 바느질한다

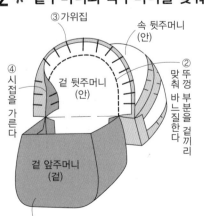

③ 가위집

속 뒷주머니 (안)

④ 시접을 가른다

겉 뒷주머니 (안)

② 맞춰 바느질한다

② 뚜껑 부분을 겉끼리

겉 앞주머니 (겉)

① 겉주머니만 겉으로 뒤집는다

③ 길이 8cm의 테이프를 끼운다 (no. 26 · 27만)

② 겉주머니 안에 속주머니를 넣는다

(볼록)

① 뚜껑 부분을 겉으로 뒤집는다

0.5

(오목)

⑤ 똑딱단추를 단다

④ 입구를 감침질한다

no. 25

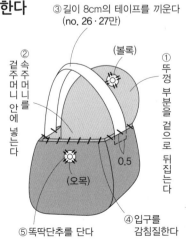

길이 10 cm의 체인

체인을 바느질로 단다

10페이지 5

재단

※프릴 A·B는 실물 크기 패턴을 첨부하지 않으니 지정된 치수로 자른다.

겉주머니(겉감·1장)

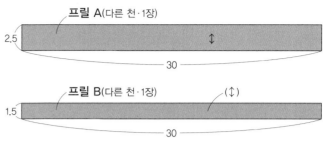

프릴 A(다른 천·1장)
2.5
↕
30

프릴 B(다른 천·1장)
1.5
(↕)
30

재료

- 겉감(면·흰색) 25cm 폭 15cm
- 다른 천(면·검은색) 40cm 폭 10cm
- 테이프 0.2cm 폭 20cm

속주머니(겉감·1장)

2 ❈ 겉주머니와 속주머니를 맞춰 바느질한다

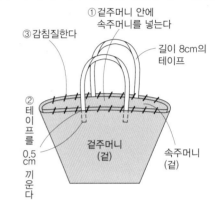

① 겉주머니 안에 속주머니를 넣는다

③ 감침질한다

길이 8cm의 테이프

② 테이프를 0.5cm 끼운다

겉주머니(겉)

속주머니(겉)

만드는 법

1 ❈ 주머니를 바느질한다

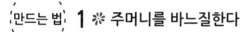

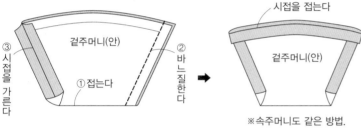

③ 시접을 가른다

겉주머니(안)

① 접는다

② 바느질한다

시접을 접는다

겉주머니(안)

※속주머니도 같은 방법.

3 ❈ 프릴을 만든다

2장 함께 개더를 잡기 위해 바느질한다(38페이지 참조)

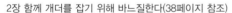

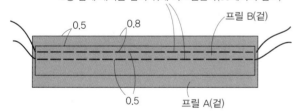

0.5   0.8

프릴 B(겉)

0.5

프릴 A(겉)

4 ❈ 프릴을 단다

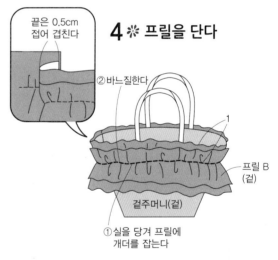

끝은 0.5cm 접어 겹친다

② 바느질한다

1

프릴 B (겉)

겉주머니(겉)

① 실을 당겨 프릴에 개더를 잡는다

5 ❈ 완성

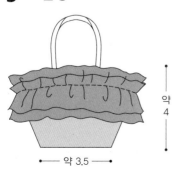

약 4

← 약 3.5 →

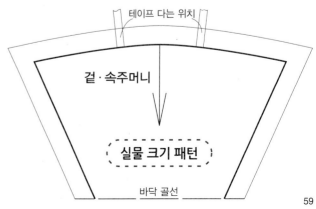

테이프 다는 위치

겉·속주머니

실물 크기 패턴

바닥 골선

준비하는 파트 ★겉·안 본체, 겉·안 바닥면, 포켓의 실물 크기 패턴은 61페이지에 있다.

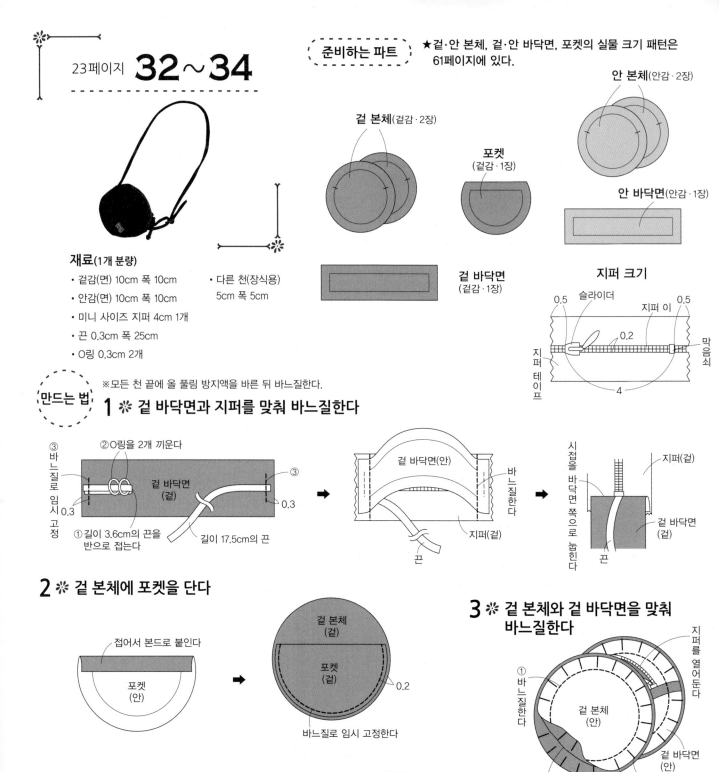

안 본체(안감·2장)

겉 본체(겉감·2장)

포켓 (겉감·1장)

안 바닥면(안감·1장)

겉 바닥면 (겉감·1장)

지퍼 크기

0.5 슬라이더 지퍼 이 0.5
0.2
지퍼 테이프 막음쇠
4

재료(1개 분량)
- 겉감(면) 10cm 폭 10cm
- 안감(면) 10cm 폭 10cm
- 미니 사이즈 지퍼 4cm 1개
- 끈 0.3cm 폭 25cm
- O링 0.3cm 2개

- 다른 천(장식용) 5cm 폭 5cm

만드는 법

※모든 천 끝에 올 풀림 방지액을 바른 뒤 바느질한다.

1 ※ 겉 바닥면과 지퍼를 맞춰 바느질한다

③ 바느질로 임시 고정
②O링을 2개 끼운다
겉 바닥면 (겉)
③
0.3
①길이 3.6cm의 끈을 반으로 접는다
0.3
길이 17.5cm의 끈

겉 바닥면(안)
바느질한다
지퍼(겉)
끈

시접을 바닥면 쪽으로 눕힌다
지퍼(겉)
겉 바닥면 (겉)
끈

2 ※ 겉 본체에 포켓을 단다

접어서 본드로 붙인다
포켓 (안)

겉 본체 (겉)
포켓 (겉)
0.2
바느질로 임시 고정한다

3 ※ 겉 본체와 겉 바닥면을 맞춰 바느질한다

지퍼를 열어둔다
① 바느질한다
겉 본체 (안)
겉 바닥면 (안)
③시접을 가른다
②가위집

4 ※ 안 본체와 안 바닥면을 맞춰 바느질한다

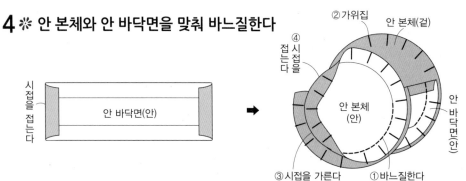

시접을 접는다
안 바닥면(안)

②가위집
안 본체(겉)
④시접을 접는다
안 본체 (안)
안 바닥면 (안)
③시접을 가른다
①바느질한다

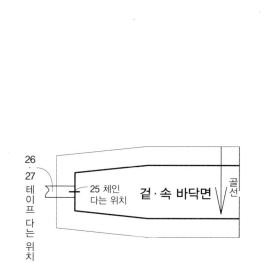

26 · 27 테이프 다는 위치

25 체인 다는 위치

겉 · 속 바닥면

골선

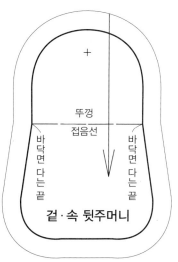

뚜껑 접음선

바닥면 다는 끝

바닥면 다는 끝

겉 · 속 뒷주머니

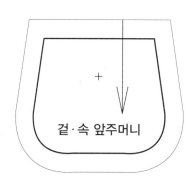

겉 · 속 앞주머니

32~34 실물 크기 패턴

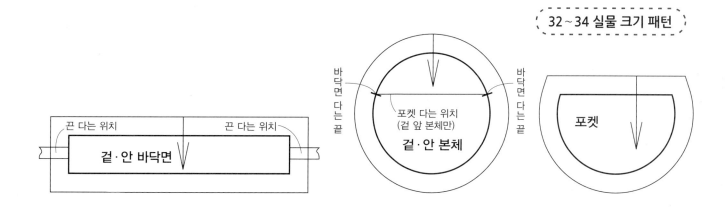

끈 다는 위치

끈 다는 위치

겉 · 안 바닥면

바닥면 다는 끝

바닥면 다는 끝

포켓 다는 위치
(겉 앞 본체만)

겉 · 안 본체

포켓

---

5 ❋ 겉 본체와 안 본체를 맞춘다

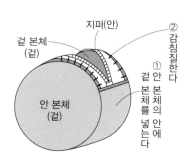

겉 본체
(겉)

지퍼(안)

② 감침질한다

① 겉 안 본체의 안에 겉 안 본체를 넣는다

안 본체
(겉)

6 ❋ 완성

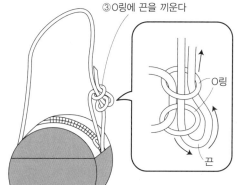

③O링에 끈을 끼운다

O링

끈

약 3.2

① 겉으로 뒤집는다

②0.6×0.3cm로 자른 다른 천에 볼펜으로 무늬를 그려 반듯하게 본드로 붙인다

재료

- 겉감(면) 40cm 폭 10cm
- 망사 20cm 폭 10cm
- 똑딱단추 지름 0.7cm 2쌍
- 모티프 1개
- 리본 0.4cm 폭 10cm

준비하는 파트

★안단용 망사 이외의 실물 크기 패턴은 66페이지에 있다.
※몸판과 안단용 망사는 지정된 치수로 가재단한다.

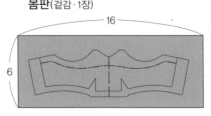

몸판(겉감·1장)

16
6

안단용 망사
(망사·1장)

16
6

스커트
(겉감·1장)

만드는 법 ※스커트의 천 끝에 올 풀림 방지액을 바른 뒤 바느질한다.

1 ❋ 몸판에 안단을 단다

①몸판에 망사를 겹쳐 시침핀으로 고정한다

0.3   0.3

몸판(안)

③완성선을 바느질한다

안단용 망사(겉)

②어깨끈 다는 위치에 리본을 끼운다

길이 4cm의 리본

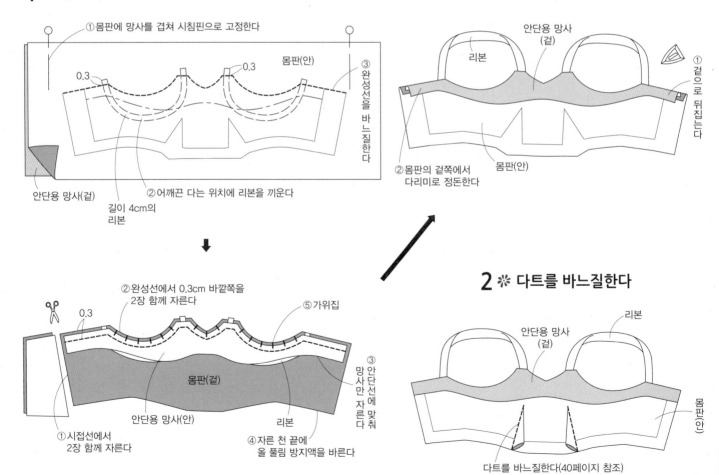

②완성선에서 0.3cm 바깥쪽을 2장 함께 자른다

0.3

⑤가위집

몸판(겉)

안단용 망사(안)

리본

③망사 안단선에 맞춰 망사만 자른다

①시접선에서 2장 함께 자른다

④자른 천 끝에 올 풀림 방지액을 바른다

리본

안단용 망사 (겉)

②몸판의 겉쪽에서 다리미로 정돈한다

몸판(안)

①겉으로 뒤집는다

2 ❋ 다트를 바느질한다

안단용 망사 (겉)

리본

몸판(안)

다트를 바느질한다(40페이지 참조)

3 ✺ 스커트를 만든다(40페이지 참조)

4 ✺ 몸판과 스커트를 맞춰 바느질한다

② 스커트 쪽에서 바느질한다

① 실을 당겨 몸판의 치수까지 개더를 잡는다

몸판(안)

스커트(겉)

① 시접을 몸판 쪽으로 눕힌다

몸판(겉)

② 왼쪽만 0.3cm 접는다

③ 바느질한다

0.1

5 ✺ 뒤 중심선을 바느질한다(40페이지 참조)

6 ✺ 똑딱단추를 단다(41페이지 참조)

7 ✺ 완성

모티프를 단다

앞

약 11

뒤

33페이지 **49**

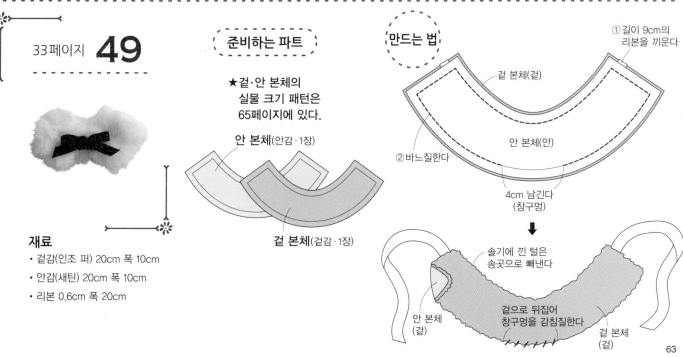

준비하는 파트

★겉·안 본체의 실물 크기 패턴은 65페이지에 있다.

안 본체(안감·1장)

겉 본체(겉감·1장)

재료
• 겉감(인조 퍼) 20cm 폭 10cm
• 안감(새틴) 20cm 폭 10cm
• 리본 0.6cm 폭 20cm

만드는 법

① 길이 9cm의 리본을 끼운다

겉 본체(겉)

② 바느질한다

안 본체(안)

4cm 남긴다 (창구멍)

솔기에 낀 털은 송곳으로 빼낸다

겉으로 뒤집어 창구멍을 감침질한다

안 본체 (겉)

겉 본체 (겉)

32페이지 **48**

재료

- 겉감(새틴) 50cm 폭 10cm
- 다른 천(도트 망사) 60cm 폭 10cm
- 망사 20cm 폭 10cm
- 똑딱단추 지름 0.7cm 2쌍
- 고무줄 0.5cm 폭 15cm
- 리본 0.4cm 폭 25cm
- 라인스톤 지름 0.3cm 적당량
- 비주 지름 0.5cm 1개

준비하는 파트

★안단용 망사 이외의 실물 크기 패턴은 66페이지에 있다.

※몸판과 안단용 망사는 지정된 치수로 가재단한다.

몸판(겉감·1장)
16
6

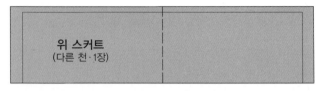

안단용 망사
(망사·1장)
16
6

위 스커트
(다른 천·1장)

아래 스커트
(겉감·1장)

숄(다른 천·1장)

만드는 법 ※아래 스커트의 천 끝에 올 풀림 방지액을 바른 뒤 바느질한다.

1 ❋ 몸판에 안단을 단다(62페이지 참조)

2 ❋ 다트를 바느질한다(62페이지 참조)

3 ❋ 스커트를 만든다

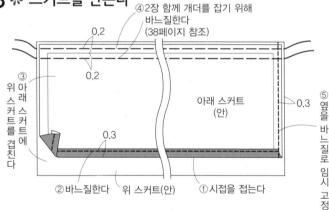

④2장 함께 개더를 잡기 위해 바느질한다(38페이지 참조)
0.2
0.2
③위 스커트를 아래 스커트에 겹친다
②바느질한다 위 스커트(안)
아래 스커트(안)
0.3
0.3
①시접을 접는다
⑤옆을 바느질로 임시 고정

4 ❋ 몸판과 스커트를 맞춰 바느질한다 (63페이지 참조)

5 ❋ 뒤 중심선을 바느질한다(40페이지 참조)

6 ❋ 똑딱단추를 단다(41페이지 참조)

8 ❋ 완성

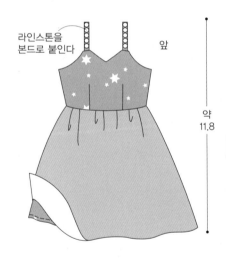

라인스톤을 본드로 붙인다
앞
약 11.8
뒤

7 ❋ 숄을 만든다

고무줄을 늘이면서 바느질한다
0.7
숄(안)
길이 12cm의 고무줄

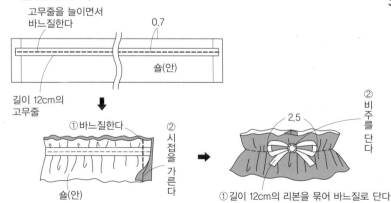

①바느질한다
②시접을 가른다
숄(안)
2.5
②비주를 단다
①길이 12cm의 리본을 묶어 바느질로 단다

24페이지 **35**

재료
- 겉감(면) 50cm 폭 10cm
- 망사 20cm 폭 10cm
- 똑딱단추 지름 0.7cm 2쌍
- 리본 0.4cm 폭 30cm

5 ❇ **뒤 중심선을 바느질한다**
(40페이지 참조)

6 ❇ **똑딱단추를 단다**
(41페이지 참조)

7 ❇ **완성**

앞

약
10.4

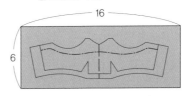

준비하는 파트

★안단용 망사 이외의 실물 크기 패턴은 66페이지에 있다.
※몸판과 안단용 망사는 지정된 치수로 가재단한다.

몸판(겉감·1장)
16
6

안단용 망사
(망사·1장)
16
6

스커트
(겉감·1장)

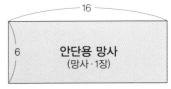

만드는 법

※스커트의 천 끝에 올 풀림 방지액을 바른 뒤 바느질한다.

1 ❇ **몸판에 안단을 단다**

①몸판에 망사를 겹쳐 시침핀으로 고정한다

0.3   0.3   몸판(안)

③완성선을 바느질한다

④망사를 잘라 안단을 겉으로 뒤집는다(62페이지 참조)

안단용 망사(겉)

길이 13.3cm의 리본

②어깨끈 다는 위치에 리본을 끼운다

2 ❇ **다트를 바느질한다**(62페이지 참조)

3 ❇ **스커트를 만든다**(40페이지 참조)

4 ❇ **몸판과 스커트를 맞춰 바느질한다**(63페이지 참조)

뒤

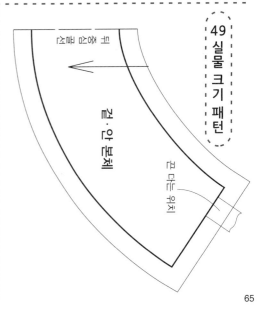

49 실물 크기 패턴

겉·안 분체

안단 다는 위치

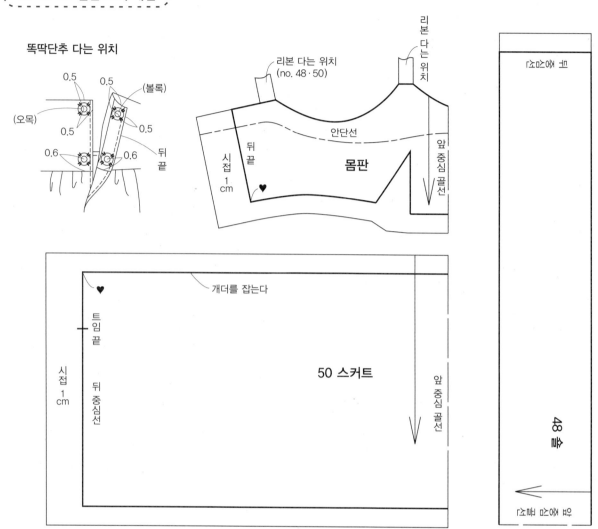

똑딱단추 다는 위치

(오목)
0.5
0.5
(볼록)
0.5
0.5
0.6
0.6
뒤 끝

리본 다는 위치
(no. 48·50)

리본 다는 위치

안단선

시접 1 cm
뒤 끝
몸판
앞 중심 골선

♥

개더를 잡는다

트임 끝
시접 1 cm
뒤 중심선

50 스커트

앞 중심 골선

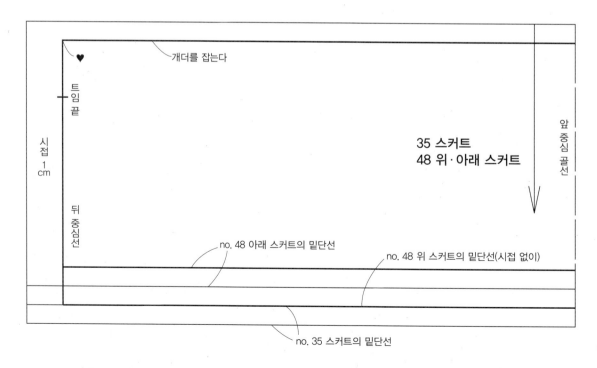

♥

개더를 잡는다

트임 끝
시접 1 cm
뒤 중심선

35 스커트
48 위·아래 스커트

앞 중심 골선

no. 48 아래 스커트의 밑단선

no. 48 위 스커트의 밑단선(시접 없이)

no. 35 스커트의 밑단선

48 솔

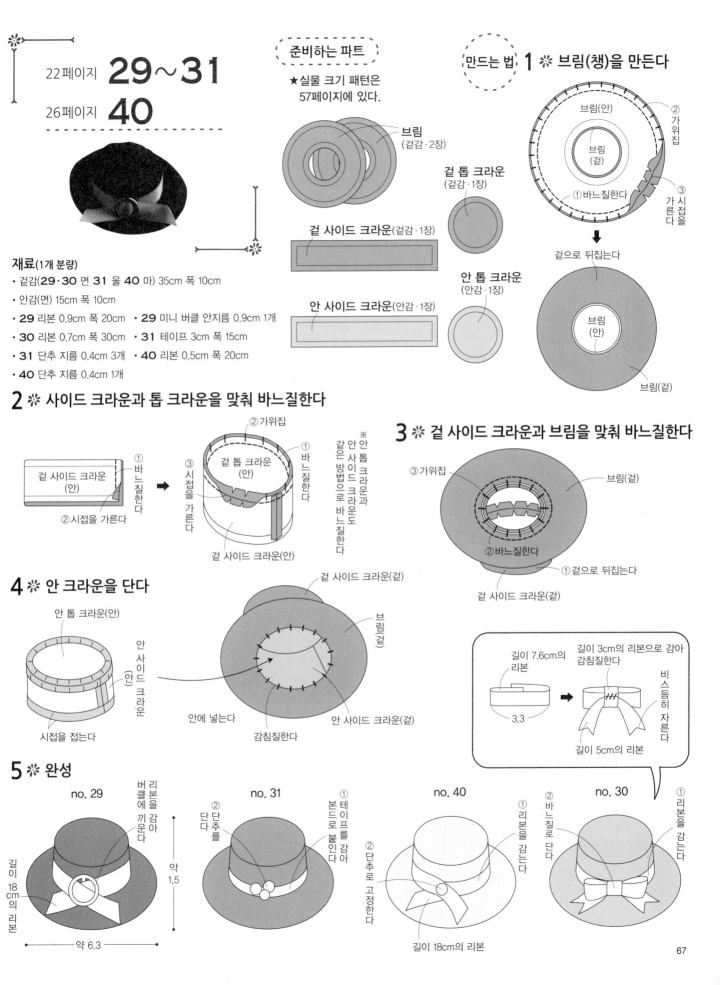

22페이지 **29~31**
26페이지 **40**

재료(1개 분량)
- 겉감(**29·30** 면 **31** 울 **40** 마) 35cm 폭 10cm
- 안감(면) 15cm 폭 10cm
- **29** 리본 0.9cm 폭 20cm · **29** 미니 버클 안지름 0.9cm 1개
- **30** 리본 0.7cm 폭 30cm · **31** 테이프 3cm 폭 15cm
- **31** 단추 지름 0.4cm 3개 · **40** 리본 0.5cm 폭 20cm
- **40** 단추 지름 0.4cm 1개

준비하는 파트

★실물 크기 패턴은 57페이지에 있다.

브림
(겉감·2장)

겉 톱 크라운
(겉감·1장)

겉 사이드 크라운(겉감·1장)

안 사이드 크라운(안감·1장)

안 톱 크라운
(안감·1장)

만드는 법 **1** ❈ 브림(챙)을 만든다

브림(안)
브림(겉)
② 가위집
① 바느질한다
③ 가른다 시접을 가른다

겉으로 뒤집는다

브림(안)
브림(겉)

2 ❈ 사이드 크라운과 톱 크라운을 맞춰 바느질한다

겉 사이드 크라운(안)
① 바느질한다
② 시접을 가른다

② 가위집
① 바느질한다
③ 시접을 가른다
겉 톱 크라운(안)
겉 사이드 크라운(안)

※안 톱 크라운과 안 사이드 크라운도 같은 방법으로 바느질한다

3 ❈ 겉 사이드 크라운과 브림을 맞춰 바느질한다

③ 가위집
브림(겉)
② 바느질한다
① 겉으로 뒤집는다
겉 사이드 크라운(겉)

4 ❈ 안 크라운을 단다

안 톱 크라운(안)
안 사이드 크라운(안)
시접을 접는다

겉 사이드 크라운(겉)
브림(겉)
안에 넣는다
감침질한다
안 사이드 크라운(겉)

길이 7.6cm의 리본
길이 3cm의 리본으로 감아 감침질한다
3.3
비스듬히 자른다
길이 5cm의 리본

5 ❈ 완성

no. 29
버클에 끼운다
리본을 감아 운다
길이 18cm의 리본
약 1.5
약 6.3

no. 31
② 단추를 단다
① 테이프를 본드로 붙인다

no. 40
① 리본을 감는다
② 단추로 고정한다
길이 18cm의 리본

no. 30
② 바느질로 단다
① 리본을 감는다

만드는 법 ★실물 크기 패턴은 69·70페이지에 있다.

36·39　　**37·38**

재료(1개 분량)

- 겉감(면) 30cm 폭 20cm
- 안감(면) 15cm 폭 10cm
- **36·39** 다른 천(면) 5cm 폭 5cm
- 우유 팩(1리터) 1개
- 코드 0.3cm 폭 40cm
- 셀로판테이프

- C링 0.8×0.6cm 2개
- 장식 비즈 10개
- 고무줄 0.3cm 폭 10cm
- **37·38** 참 장식 1개
- **37·38** 볼 체인 1개

1 ❊ 본체를 조립하여 천을 붙인다

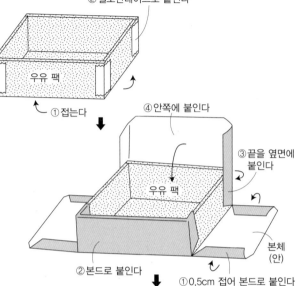

②셀로판테이프로 붙인다

우유 팩

①접는다

④안쪽에 붙인다

③끝을 옆면에 붙인다

우유 팩

본체(안)

②본드로 붙인다

①0.5cm 접어 본드로 붙인다

본체(겉)

접어서 붙인다

2 ❊ 뚜껑을 조립하여 천을 붙인다

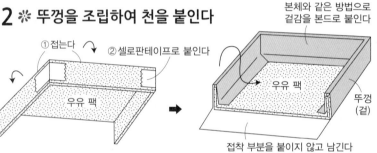

①접는다　②셀로판테이프로 붙인다

우유 팩

본체와 같은 방법으로 겉감을 본드로 붙인다

우유 팩

뚜껑(겉)

접착 부분을 붙이지 않고 남긴다

3 ❊ 안 바닥에 천을 붙여 본체와 뚜껑에 붙인다

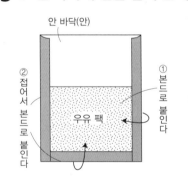
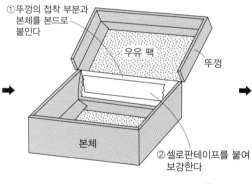
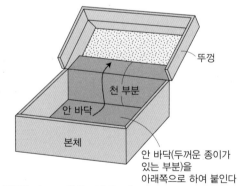

안 바닥(안)

②접어서 본드로 붙인다

①본드로 붙인다

우유 팩

①뚜껑의 접착 부분과 본체를 본드로 붙인다

우유 팩

뚜껑

②셀로판테이프를 붙여 보강한다

본체

뚜껑

천 부분

안 바닥

본체

안 바닥(두꺼운 종이가 있는 부분)을 아래쪽으로 하여 붙인다

4 ❊ 포켓을 만든다

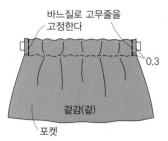

③길이 7cm의 고무줄을 끼운다

11×6cm로 자른 겉감

①0.7cm로 2번 접는다

②바느질한다　0.1

겉감(안)

11

바느질로 고무줄을 고정한다

0.3

겉감(겉)

포켓

5 ❊ 안 뚜껑과 포켓을 맞춘다

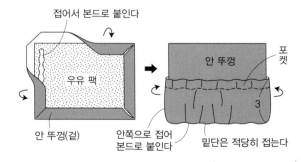

접어서 본드로 붙인다

우유 팩

안 뚜껑

포켓

안 뚜껑(겉)

안쪽으로 접어 본드로 붙인다

밑단은 적당히 접는다

3

6 ✻ 본체에 안 뚜껑을 붙인다

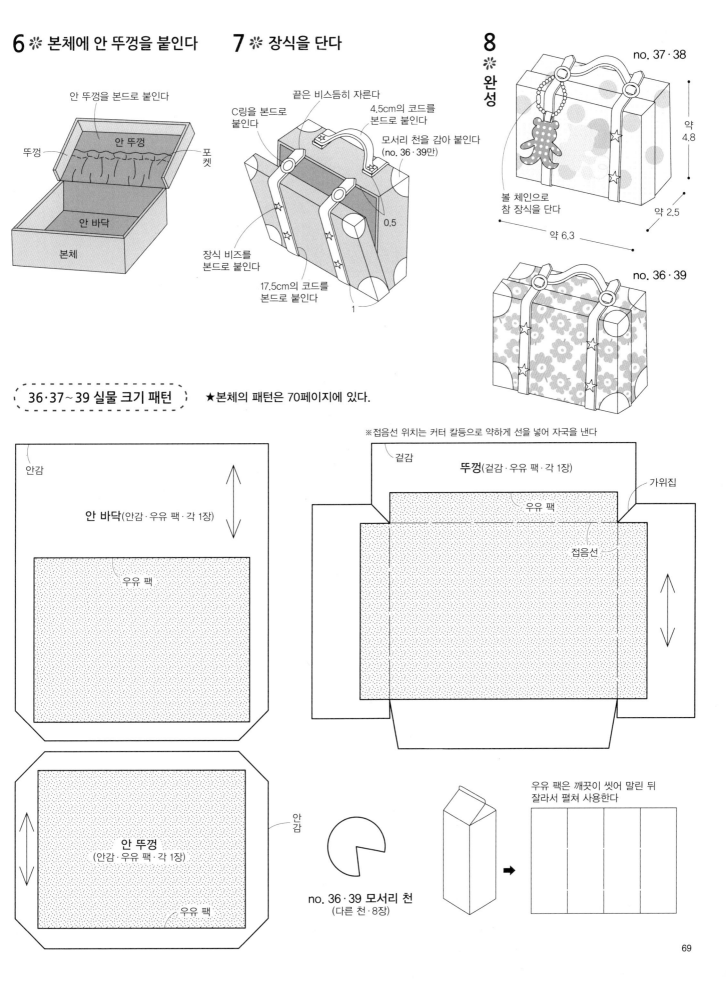

안 뚜껑을 본드로 붙인다

안 뚜껑

뚜껑

포켓

안 바닥

본체

7 ✻ 장식을 단다

끝은 비스듬히 자른다

C링을 본드로 붙인다

4.5cm의 코드를 본드로 붙인다

모서리 천을 감아 붙인다 (no. 36·39만)

0.5

장식 비즈를 본드로 붙인다

17.5cm의 코드를 본드로 붙인다

1

8 ✻ 완성

no. 37·38

약 4.8

약 2.5

약 6.3

볼 체인으로 참 장식을 단다

no. 36·39

36·37~39 실물 크기 패턴

★본체의 패턴은 70페이지에 있다.

안감

안 바닥(안감·우유 팩·각 1장)

우유 팩

※접음선 위치는 커터 칼등으로 약하게 선을 넣어 자국을 낸다

겉감

뚜껑(겉감·우유 팩·각 1장)

우유 팩

가위집

접음선

안감

안 뚜껑
(안감·우유 팩·각 1장)

우유 팩

no. 36·39 모서리 천
(다른 천·8장)

우유 팩은 깨끗이 씻어 말린 뒤 잘라서 펼쳐 사용한다

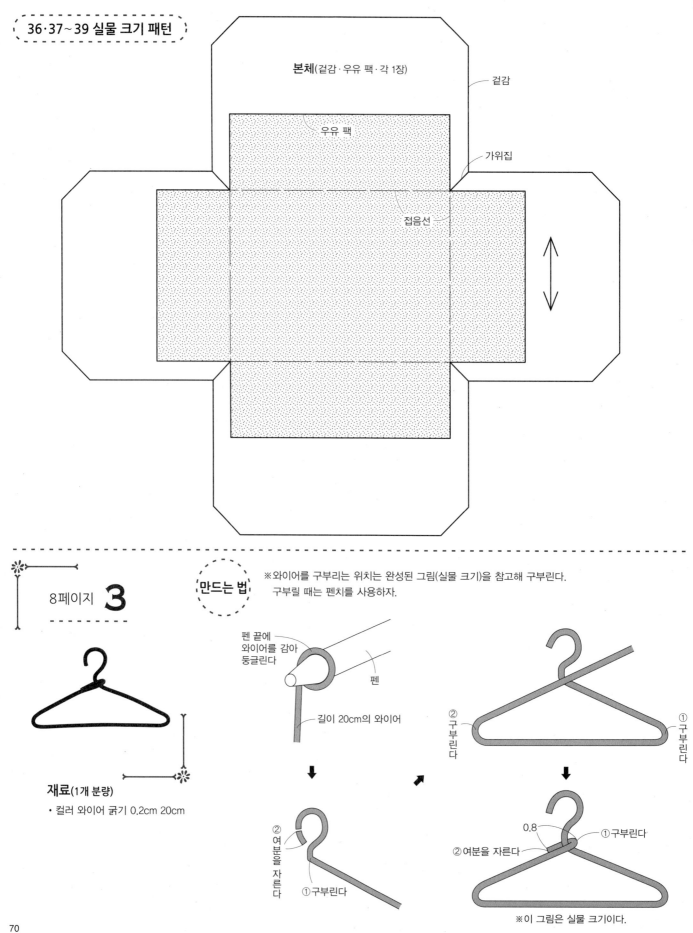

본체(겉감·우유 팩·각 1장)

겉감

우유 팩

가위집

접음선

8페이지 **3**

재료(1개 분량)
• 컬러 와이어 굵기 0.2cm 20cm

만드는 법

※와이어를 구부리는 위치는 완성된 그림(실물 크기)을 참고해 구부린다.
구부릴 때는 펜치를 사용하자.

펜 끝에
와이어를 감아
둥글린다

펜

길이 20cm의 와이어

②여분을 자른다

①구부린다

②구부린다

①구부린다

0.8

①구부린다

②여분을 자른다

※이 그림은 실물 크기이다.

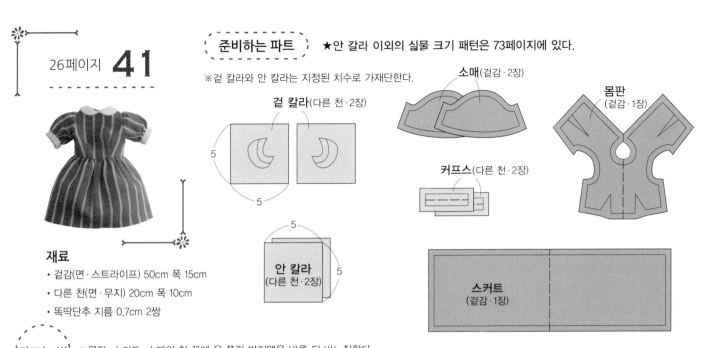

26페이지 **41**

재료
- 겉감(면·스트라이프) 50cm 폭 15cm
- 다른 천(면·무지) 20cm 폭 10cm
- 똑딱단추 지름 0.7cm 2쌍

준비하는 파트 ★안 칼라 이외의 실물 크기 패턴은 73페이지에 있다.

※겉 칼라와 안 칼라는 지정된 치수로 가재단한다.

겉 칼라(다른 천·2장)
5
5

안 칼라
(다른 천·2장)
5
5

소매(겉감·2장)

커프스(다른 천·2장)

몸판
(겉감·1장)

스커트
(겉감·1장)

만드는 법 ※몸판, 스커트, 소매의 천 끝에 올 풀림 방지액을 바른 뒤 바느질한다.

1 ※ 몸판의 다트를 바느질한다

다트를 바느질한다
(40페이지 참조)

몸판(안)

2 ※ 칼라를 만든다

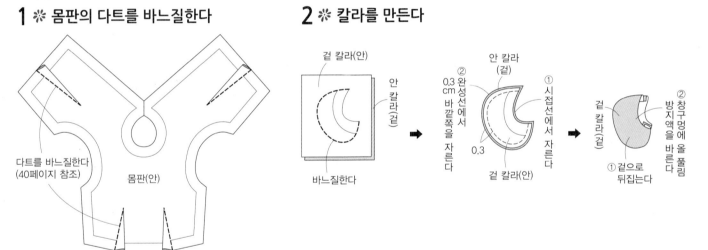

겉 칼라(안)

안 칼라(겉)

바느질한다

②0.3cm 바깥쪽을 자른다

안 칼라(겉)

①시접선에서 자른다

0.3

겉 칼라(안)

겉 칼라(겉)

②창구멍에 올 풀림 방지액을 바른다

①겉으로 뒤집는다

3 ※ 칼라를 단다

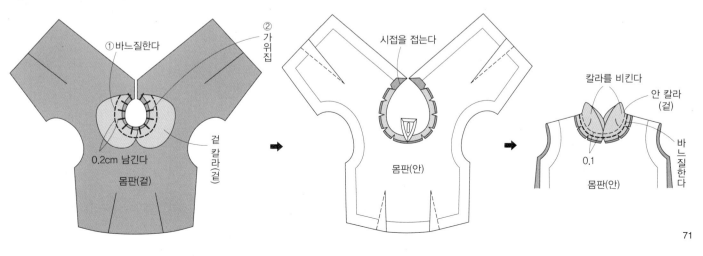

①바느질한다

②가위집

0.2cm 남긴다

겉 칼라(겉)

몸판(겉)

시접을 접는다

몸판(안)

칼라를 비킨다

안 칼라(겉)

바느질한다

0.1

몸판(안)

71

3 ✲ 커프스를 만든다

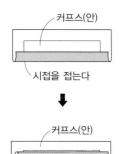

커프스(안)

시접을 접는다

↓

커프스(안)

접음선에서 접는다

4 ✲ 소매를 만든다

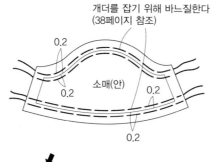

개더를 잡기 위해 바느질한다
(38페이지 참조)

0.2
0.2
소매(안)
0.2
0.2

↓

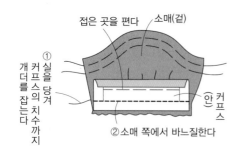

접은 곳을 편다
소매(겉)
①실을 당겨 커프스의 치수까지 개더를 잡는다
(안)커프스
②소매 쪽에서 바느질한다

→

소매(겉)
0.2
②바느질한다
(겉)커프스
①접음선에서 다시 접어 시접을 감싼다

5 ✲ 소매를 달고 옆선을 바느질한다

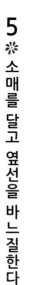

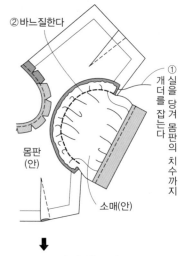

②바느질한다
①실을 당겨 몸판의 치수까지 개더를 잡는다
몸판(안)
소매(안)

↓

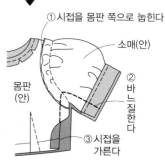

①시접을 몸판 쪽으로 눕힌다
소매(안)
몸판(안)
②바느질한다
③시접을 가른다

6 ✲ 스커트를 만든다(40페이지 참조)

7 ✲ 스커트와 몸판을 맞춰 바느질한다

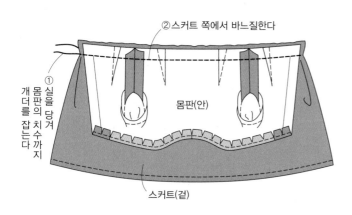

②스커트 쪽에서 바느질한다
①실을 당겨 몸판의 치수까지 개더를 잡는다
몸판(안)
스커트(겉)

8 ✲ 뒤 중심선을 바느질한다

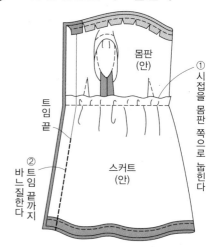

②바느질한다
몸판(안)
①시접을 몸판 쪽으로 눕힌다
트임 끝
②트임 끝까지 바느질한다
스커트(안)

9 ✲ 트임 부분을 바느질한다

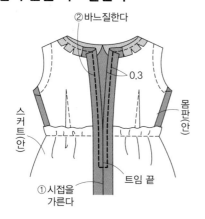

②바느질한다
0.3
몸판(안)
스커트(안)
트임 끝
①시접을 가른다

10 ✲ 똑딱단추를 단다

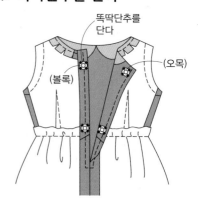

똑딱단추를 단다
(오목)
(볼록)

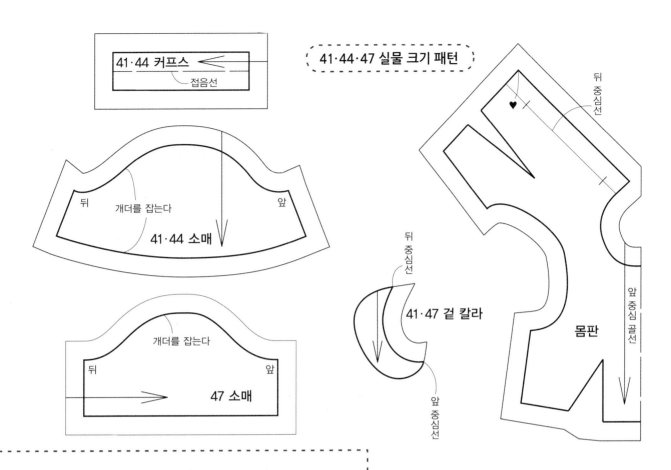

41·44 커프스
접음선

41·44·47 실물 크기 패턴

뒤
개더를 잡는다
앞
41·44 소매

뒤 중심선

개더를 잡는다
뒤
앞
47 소매

뒤 중심선
41·47 겉 칼라
앞 중심선

뒤 중심선
몸판
앞 중심 골선

11 ✽ 완성

앞

약 10.8

뒤

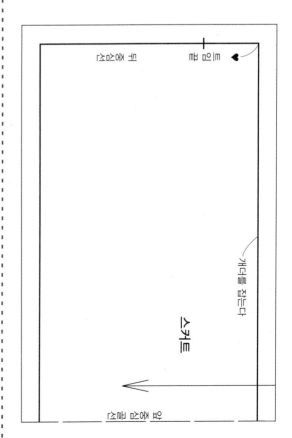

스커트

개더를 잡는다

소매 달기

비밀 트임

스커트 밑단

28페이지 **44**

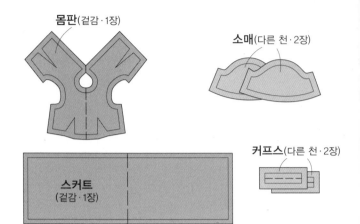

★몸판, 스커트, 소매, 커프스의 실물 크기 패턴은 73페이지에 있다.

준비하는 파트

몸판(겉감·1장)

소매(다른 천·2장)

스커트 (겉감·1장)

커프스(다른 천·2장)

재료

- 겉감(면·스트라이프) 40cm 폭 15cm
- 다른 천(면·무지) 20cm 폭 10cm
- 똑딱단추 지름 0.7cm 2쌍
- 레이스 0.8cm 폭 35cm
- 리본 0.6cm 폭 50cm

만드는 법

※몸판, 스커트, 소매의 천 끝에 올 풀림 방지액을 바른 뒤 바느질한다.

1 ※ 다트를 바느질한다(71페이지 참조)

2 ※ 목둘레를 바느질한다

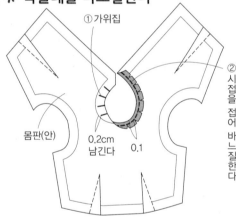

①가위집

몸판(안)

0.2cm 남긴다   0.1

②시접을 접어 바느질한다

3 ※ 커프스를 만든다(72페이지 참조)

4 ※ 소매를 만든다(72페이지 참조)

5 ※ 소매를 달고 옆선을 바느질한다(72페이지 참조)

6 ※ 스커트를 만든다

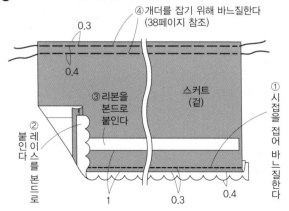

0.3
0.4

④개더를 잡기 위해 바느질한다 (38페이지 참조)

②붙인 레이스를 본드로

③리본을 본드로 붙인다

스커트 (겉)

①시접을 접어 바느질한다

1   0.3   0.4

7 ※ 스커트와 몸판을 맞춰 바느질한다(72페이지 참조)

8 ※ 뒤 중심선을 바느질한다(72페이지 참조)

9 ※ 트임 부분을 바느질한다(72페이지 참조)

10 ※ 똑딱단추를 단다(72페이지 참조)

11 ※ 완성

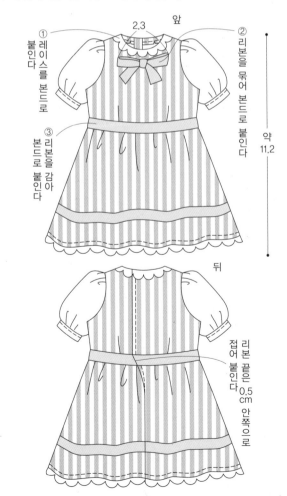

①레이스를 본드로 붙인다

2.3   앞

②리본을 묶어 본드로 붙인다

③리본을 본드로 감아 붙인다

약 11.2

뒤

접어 붙인다

리본 끝은 0.5cm 안쪽으로

30페이지 **47**

재료
- 겉감(데님) 40cm 폭 15cm
- 다른 천(면·스트라이프) 25cm 폭 10cm
- 똑딱단추 지름 0.7cm 2쌍
- 단추 지름 0.5cm 3개

만드는 법 ※몸판, 스커트, 소매의 천 끝에 올 풀림 방지액을 바른 뒤 바느질한다.

1 ❋ **다트를 바느질한다**
(71페이지 참조)

2 ❋ **칼라를 만든다**
(71페이지 참조)

3 ❋ **칼라를 단다**
(71페이지 참조)

준비하는 파트

★안 칼라 이외의 실물 크기 패턴은 73페이지에 있다.
※겉 칼라와 안 칼라는 지정된 치수로 가재단한다.

겉 칼라(다른 천·2장)
안 칼라(다른 천·2장)

몸판(겉감·1장)
소매(다른 천·2장)

스커트(겉감·1장)

4 ❋ **소매를 만든다**

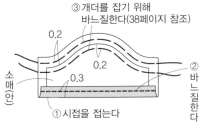

①시접을 접는다
②바느질한다
③개더를 잡기 위해 바느질한다(38페이지 참조)

5 ❋ **소매를 달고 옆선을 바느질한다**
(72페이지 참조)

6 ❋ **스커트를 만든다**
(40페이지 참조)

7 ❋ **스커트와 몸판을 맞춰 바느질한다**

8 ❋ **뒤 중심선을 바느질한다**

9 ❋ **트임 끝을 바느질한다**

10 ❋ **똑딱단추를 단다**
※위 내용 모두 72페이지 참조.

11 ❋ **완성**

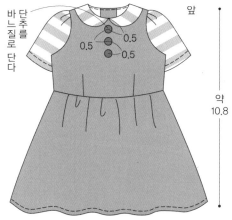

30페이지 **46**

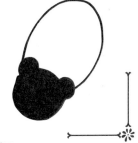

재료
- 펠트 10×10cm
- 끈 0.2cm 폭 20cm
- 25번 자수실(검은색·펠트와 같은 색)

준비하는 파트

본체(펠트·2장)

옆면(펠트·1장)

★본체와 옆면의 실물 크기 패턴은 84페이지에 있다.

만드는 법 ※펠트끼리 꿰맬 때는 자수실 1가닥으로 바느질한다.

수를 놓는다
본체

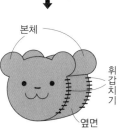

본체
휘갑치기
옆면

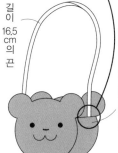

①끈 끝을 묶는다
②바느질로 고정한다
길이 16.5cm의 끈
끈을 안쪽에 바느질로 단다

75

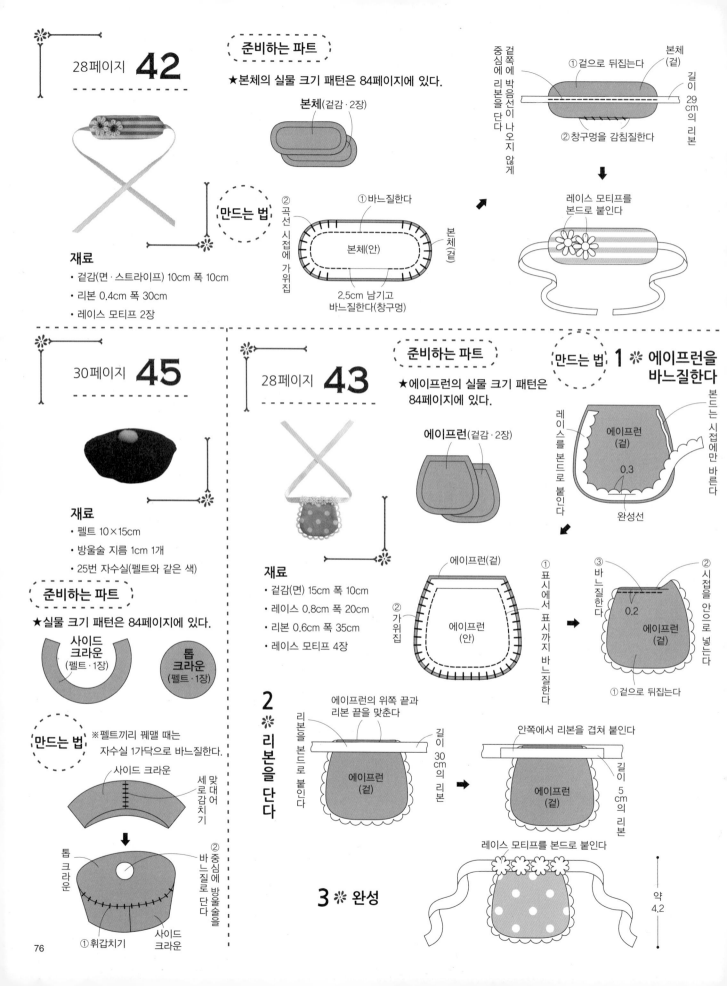

28페이지 **42**

준비하는 파트

★본체의 실물 크기 패턴은 84페이지에 있다.

본체(겉감·2장)

만드는 법

재료
- 겉감(면·스트라이프) 10cm 폭 10cm
- 리본 0.4cm 폭 30cm
- 레이스 모티프 2장

② 곡선 시접에 가위집

① 바느질한다

본체(안)

본체(겉)

2.5cm 남기고 바느질한다(창구멍)

겉쪽에 박음선이 나오지 않게 중심에 리본을 단다

① 겉으로 뒤집는다

본체(겉)

길이 29cm의 리본

② 창구멍을 감침질한다

레이스 모티프를 본드로 붙인다

30페이지 **45**

재료
- 펠트 10×15cm
- 방울술 지름 1cm 1개
- 25번 자수실(펠트와 같은 색)

준비하는 파트

★실물 크기 패턴은 84페이지에 있다.

사이드 크라운 (펠트·1장)

톱 크라운 (펠트·1장)

만드는 법

※펠트끼리 꿰맬 때는 자수실 1가닥으로 바느질한다.

사이드 크라운

세로 맞대어 감치기

톱 크라운

① 휘갑치기

사이드 크라운

② 중심에 방울술을 바느질로 단다

28페이지 **43**

준비하는 파트

★에이프런의 실물 크기 패턴은 84페이지에 있다.

에이프런(겉감·2장)

재료
- 겉감(면) 15cm 폭 10cm
- 레이스 0.8cm 폭 20cm
- 리본 0.6cm 폭 35cm
- 레이스 모티프 4장

만드는 법 **1** ❋ 에이프런을 바느질한다

레이스를 본드로 붙인다

에이프런(겉)

0.3

완성선

본드는 시접에만 바른다

에이프런(겉)

② 가위집

에이프런(안)

① 표시에서 표시까지 바느질한다

① 겉으로 뒤집는다

③ 바느질한다

② 시접을 안으로 넣는다

0.2

에이프런(겉)

2 ❋ 리본을 단다

에이프런의 위쪽 끝과 리본 끝을 맞춘다

리본을 본드로 붙인다

에이프런(겉)

길이 30cm의 리본

안쪽에서 리본을 겹쳐 붙인다

에이프런(겉)

길이 5cm의 리본

3 ❋ **완성**

레이스 모티프를 본드로 붙인다

약 4.2

11페이지 8·9

재료(1개 분량)

- 마음에 드는 종이(색종이 등) 15×7cm
- 끈 0.2cm 폭 15cm

접는 법 ※붙이는 부분은 스틱 풀 등으로 붙인다.

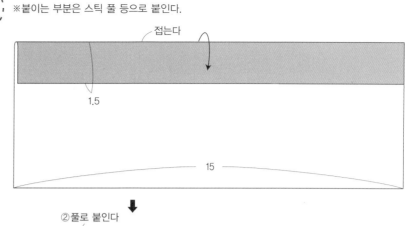

접는다

1.5

15

② 풀로 붙인다

① 끝과 끝을 0.5cm 겹친다

접는다

접는다

겹쳐 붙인 부분을 끝으로 한다

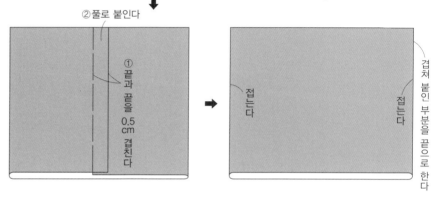

② 접은 곳을 편다

① 접는다

★ ☆

1

① 접는다

안쪽으로 접어 넣는다

★ ☆

♡의 접은 자국

① 접은 자국을 낸다

1

1.5

② 접은 자국을 낸다

손가락을 넣어 편다

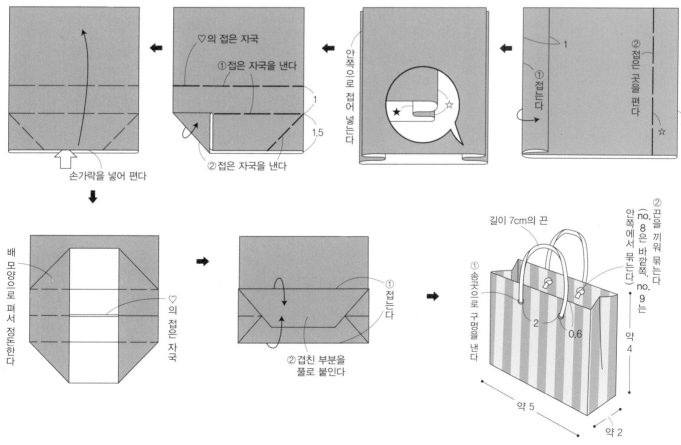

배 모양으로 펴서 정돈한다

♡의 접은 자국

① 접는다

② 겹친 부분을 풀로 붙인다

길이 7cm의 끈

① 송곳으로 구멍을 낸다

② 끈을 끼워 묶는다 (no.8은 바깥쪽, no.9는 안쪽에서 묶는다)

2

0.6

약 4

약 5

약 2

35페이지 **54**

재료

- 겉감(새틴) 60cm 폭 20cm
- 나일론 시어 10cm 폭 10cm
- 똑딱단추 지름 0.7cm 2쌍
- 리본 A 0.7cm 폭 40cm

- 리본 B 0.3cm 폭 5cm
- 고무줄 0.3cm 폭 10cm

※나일론 시어가 없는 경우 망사로 대체해도 된다.

준비하는 파트

★안단용 나일론 시어 이외의 실물 크기 패턴은 79페이지에 있다.

※안단용 나일론 시어는 지정된 치수로 가재단한다.

몸판 (겉감·1장)

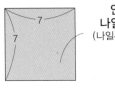

안단용 나일론 시어 (나일론 시어·1장)

소매 (겉감·2장)

스커트 (겉감·1장)

만드는 법 ※몸판, 스커트, 소매의 천 끝에 올 풀림 방지액을 바른 뒤 바느질한다.

1 ※ 몸판에 안단을 단다

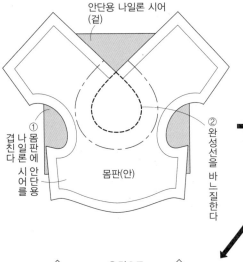

① 겹친다 나일론 시어에 안단용 몸판에

② 완성선을 바느질한다

③ 가위집

① 나일론 시어만 자른다 안단선에 맞추어

② 0.3cm 바깥쪽을 2장 함께 자른다 완성선에서

① 겉으로 뒤집는다

② 다리미로 정돈한다 몸판 쪽에서

안단용 나일론 시어 (겉)

2 ※ 소매를 만든다

② 개더를 잡기 위해 바느질한다 (38페이지 참조)

0.2

소매(안)

0.2

① 시접을 접는다

③ 길이 4cm의 고무줄을 늘이면서 바느질한다

3 ※ 소매를 달고 옆선을 바느질한다
(72페이지 참조)

4 ※ 스커트를 만든다
(40페이지 참조)

5 ※ 스커트와 몸판을 맞춰 바느질한다
(72페이지 참조)

6 ※ 뒤 중심선을 바느질한다
(72페이지 참조)

7 ※ 트임 부분을 바느질한다
(72페이지 참조)

8 ※ 똑딱단추를 단다
(72페이지 참조)

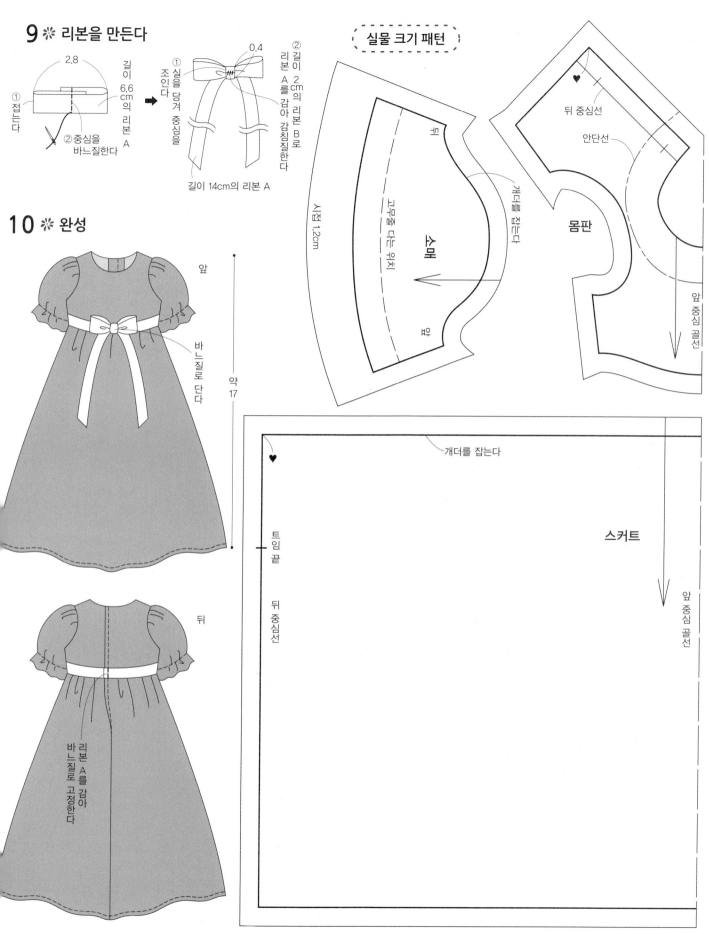

9 ✳ 리본을 만든다

① 접는다

2.8

② 중심을 바느질한다

길이 6.6cm의 리본 A

➡

① 실을 당겨 중심을 조인다

0.4

② 길이 2cm의 리본 B로 리본 A를 감아 감침질한다

길이 14cm의 리본 A

10 ✳ 완성

앞

바느질로 단다

약 17

뒤

리본 A를 감아 바느질로 고정한다

실물 크기 패턴

뒤

고무줄 다는 위치

소매

앞

시접 1.2cm

개더를 잡는다

뒤 중심선

안단선

몸판

앞 중심 골선

개더를 잡는다

♥

트임 끝

뒤 중심선

스커트

앞 중심 골선

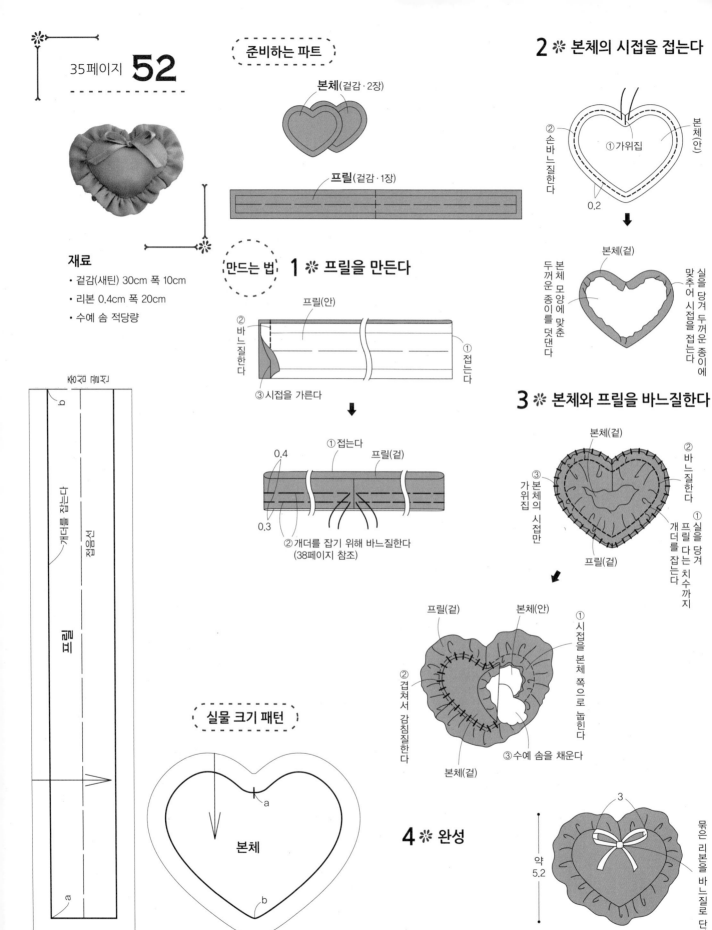

준비하는 파트

본체(겉감·2장)

프릴(겉감·1장)

재료

- 겉감(새틴) 30cm 폭 10cm
- 리본 0.4cm 폭 20cm
- 수예 솜 적당량

만드는 법

1 ❊ **프릴을 만든다**

프릴(안)

② 바느질한다

① 접는다

③ 시접을 가른다

① 접는다

0.4

프릴(겉)

0.3

② 개더를 잡기 위해 바느질한다
(38페이지 참조)

실물 크기 패턴

본체

a

b

프릴

개더를 잡는다

접음선

실물 크기 패턴

a

b

2 ❊ **본체의 시접을 접는다**

② 손바느질한다

① 가위집

본체(안)

0.2

본체(겉)

두꺼운 종이를 덧댄다

본체 모양에 맞춘

실을 당겨 두꺼운 종이에 맞추어 시접을 접는다

3 ❊ **본체와 프릴을 바느질한다**

본체(겉)

② 바느질한다

③ 본체의 시접만 가위집

① 실을 당겨 프릴 다는 치수까지 개더를 잡는다

프릴(겉)

프릴(겉)

본체(안)

① 시접을 본체 쪽으로 눕힌다

② 겹쳐서 감침질한다

③ 수예 솜을 채운다

본체(겉)

4 ❊ **완성**

약 5.2

3

묶은 리본을 바느질로 단다

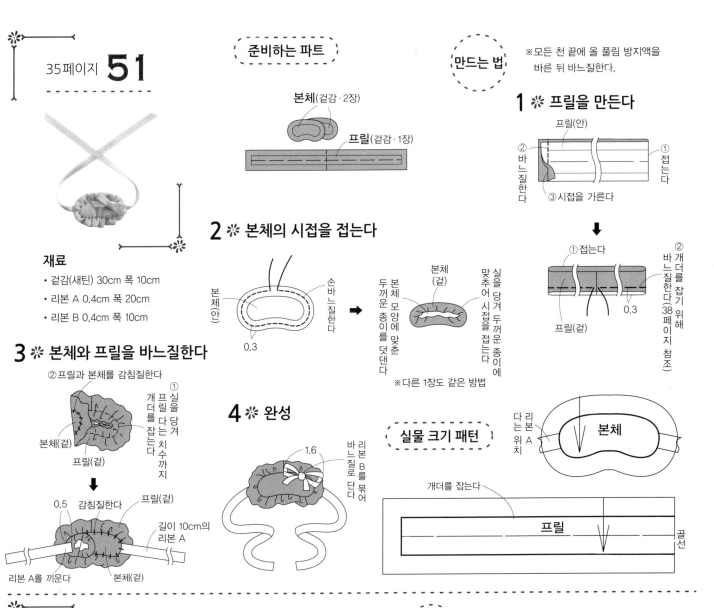

준비하는 파트

본체(겉감·2장)

프릴(겉감·1장)

재료
- 겉감(새틴) 30cm 폭 10cm
- 리본 A 0.4cm 폭 20cm
- 리본 B 0.4cm 폭 10cm

만드는 법

※모든 천 끝에 올 풀림 방지액을 바른 뒤 바느질한다.

1 ❈ 프릴을 만든다

프릴(안)
① 접는다
② 바느질한다
③ 시접을 가른다

① 접는다
② 개더를 잡기 위해 바느질한다(38페이지 참조)
프릴(겉)
0.3

2 ❈ 본체의 시접을 접는다

본체(안)
손바느질한다
0.3

본체(겉)
두꺼운 종이에 맞춘 본체 모양에 맞추어 시접을 접는다
실을 당겨 두꺼운 종이에 덧댄다

※다른 1장도 같은 방법

3 ❈ 본체와 프릴을 바느질한다

②프릴과 본체를 감침질한다
①실을 당겨 프릴을 다는 치수까지 개더를 잡는다
본체(겉)
프릴(겉)

0.5
감침질한다
프릴(겉)
길이 10cm의 리본 A
리본 A를 끼운다
본체(겉)

4 ❈ 완성

1.6
리본 B를 묶어 바느질로 단다

실물 크기 패턴

본체
리본 A 다는 위치

개더를 잡는다
프릴
골선

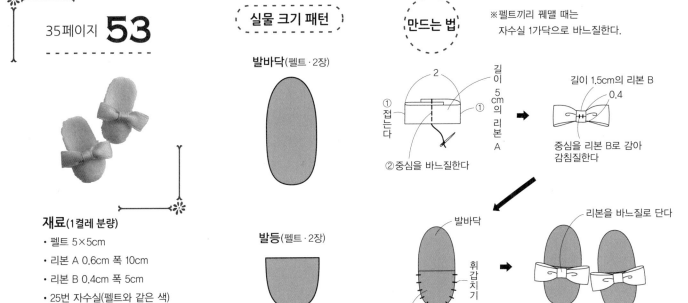

실물 크기 패턴

발바닥(펠트·2장)

발등(펠트·2장)

만드는 법

※펠트끼리 꿰맬 때는 자수실 1가닥으로 바느질한다.

① 접는다
2
길이 5cm의 리본 A
②중심을 바느질한다

길이 1.5cm의 리본 B
0.4
중심을 리본 B로 감아 감침질한다

발바닥
휘갑치기
발등
리본을 바느질로 단다

재료(1켤레 분량)
- 펠트 5×5cm
- 리본 A 0.6cm 폭 10cm
- 리본 B 0.4cm 폭 5cm
- 25번 자수실(펠트와 같은 색)

★실물 크기 패턴은 84페이지에 있다.

준비하는 파트

※겉감·퀼팅 솜은 붙이는 파트에 맞추어 만드는 법 그림에 있는 치수로 자른다.

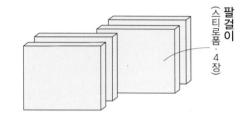

등받이 A
(스티로폼·1장)

두께 1.3

등받이 B
(두꺼운 종이·1장)

앉는 면 A·B(스티로폼·각 1장)

팔걸이
(스티로폼·4장)

재료

- 겉감(면) 75cm 폭 20cm
- 퀼팅 솜 30cm 폭 15cm
- 스티로폼 두께 1.3cm 20×25cm
- 두꺼운 종이 15×15cm

만드는 법

1 ※ 등받이 A에 천을 붙인다

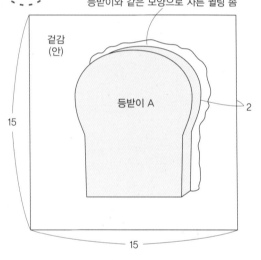

등받이와 같은 모양으로 자른 퀼팅 솜

겉감(안)

등받이 A

15

15

2

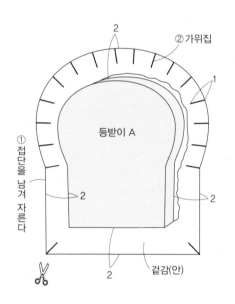

2

② 가위집

1

① 접단을 남겨 자른다

등받이 A

2

2

2

겉감(안)

접단을 접어 본드로 붙인다

등받이 A

겉감(겉)

2 ※ 등받이 B에 천을 붙인다

15

15

등받이 B

본드로 붙인다

겉감(안)

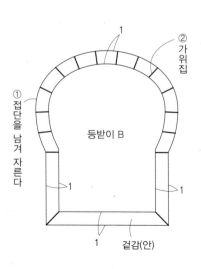

1

② 가위집

① 접단을 남겨 자른다

등받이 B

1

1

1

겉감(안)

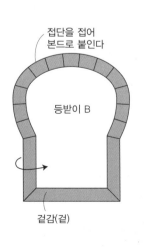

접단을 접어 본드로 붙인다

등받이 B

겉감(겉)

3 ✱ 등받이 A·B를 맞춰 붙인다

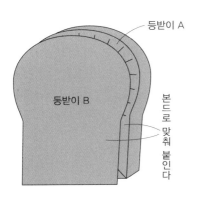

등받이 A

등받이 B

본드로 맞춰 붙인다

4 ✱ 앉는 면 A·B를 만든다

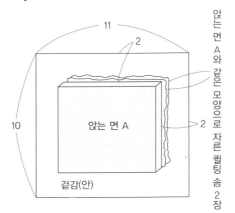

11

2

10

2

앉는 면 A

겉감(안)

앉는 면 A와 같은 모양으로 자른 퀼팅 솜 2장

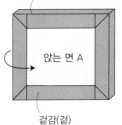

접어서 본드로 붙인다

앉는 면 A

겉감(겉)

※퀼팅 솜을 끼우지 않고
앉는 면 B도 같은 방법으로 만든다

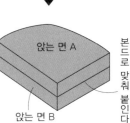

앉는 면 A

앉는 면 B

본드로 맞춰 붙인다

5 ✱ 팔걸이를 만든다

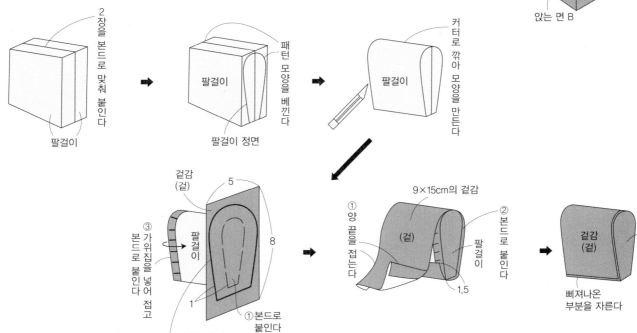

2장을 본드로 맞춰 붙인다

팔걸이

팔걸이

패턴 모양을 베낀다

팔걸이 정면

팔걸이

커터로 깎아 모양을 만든다

겉감(겉)

5

8

1

③ 가위집을 넣어 접고 본드로 붙인다

팔걸이

① 본드로 붙인다

② 접단을 남겨 자른다

9×15cm의 겉감

(겉)

① 양 끝을 접는다

② 본드로 붙인다

팔걸이

1.5

겉감(겉)

팔걸이

삐져나온 부분을 자른다

6 ✱ 조립하여 완성

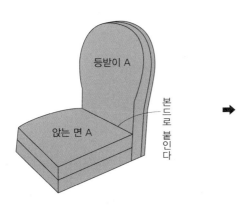

등받이 A

앉는 면 A

본드로 붙인다

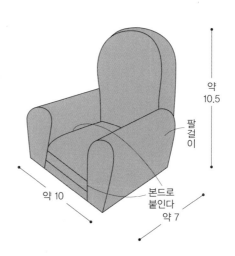

약 10.5

팔걸이

약 10

본드로 붙인다

약 7

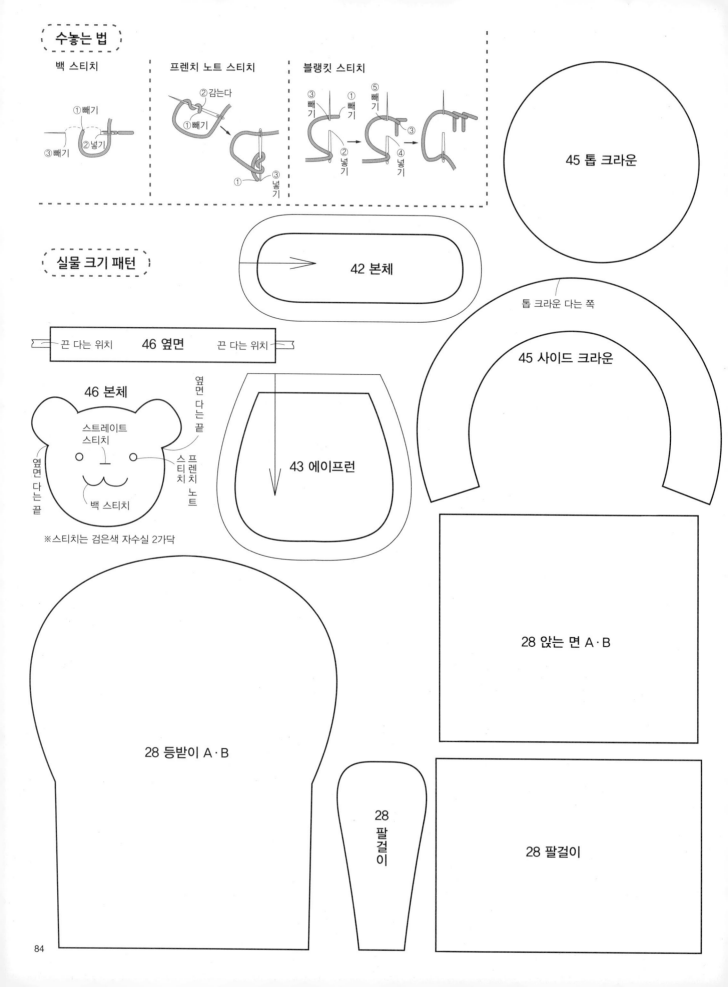

수놓는 법

백 스티치

① 빼기
② 넣기
③ 빼기

프렌치 노트 스티치

② 감는다
① 빼기
①
③ 넣기

블랭킷 스티치

③ 빼기 ① 빼기 ⑤ 빼기 빼기 ③
② 넣기 ④ 넣기

실물 크기 패턴

42 본체

45 톱 크라운

끈 다는 위치   46 옆면   끈 다는 위치

46 본체

스트레이트 스티치

스프렌치 노트 스티치

백 스티치

옆면 다는 끝

옆면 다는 끝

※스티치는 검은색 자수실 2가닥

43 에이프런

톱 크라운 다는 쪽

45 사이드 크라운

28 앉는 면 A·B

28 등받이 A·B

28 팔걸이

28 팔걸이